精细化零售
内驱式增长

陈申华 著

中国林业出版社

图书在版编目(CIP)数据

精细化零售：内驱式增长 / 陈申华著. -- 北京：中国林业出版社, 2021.4

ISBN 978-7-5219-1076-6

Ⅰ.①精… Ⅱ.①陈… Ⅲ.①零售业—市场营销学 Ⅳ.①F713.32

中国版本图书馆CIP数据核字（2021）第044635号

策划编辑：杜 娟
责任编辑：樊 菲 杜 娟

出版	中国林业出版社（100009 北京市西城区德胜门内大街刘海胡同7号）电话：(010)8314 3610
发行	中国林业出版社
印刷	北京中科印刷有限公司
版次	2021年6月第1版
印次	2021年6月第1次
开本	720mm×1020mm 1/16
印张	14.25
字数	210千字
定价	58.00元

未经许可，不得以任何方式复制或抄袭本书的部分或全部内容。

版权所有 侵权必究

序

所谓的光辉岁月,并不是未来有多么闪耀的日子,而是再无人问津时,对梦想的执着……

2006年深秋,陈申华从IT零售业转入家居零售业,我与他在上海相识。我负责设计展示,他从事营销,工作中的合作,让我们逐渐成为好友,我也因此对他有了更多的了解。

他,是执着于中国家居零售行业的探究者,是致力于提升新零售管理的践行人。

他,又是一名马拉松的痴迷者,他说,热爱生活最酷的方式,是帮助别人,或者跑一场马拉松。

他,曾就职于中国两大家居巨头企业,为品牌初期的发展与一线营销体制的建立,付出了坚实的力量。

他,42岁,却已在零售业的顶端拼搏了20年。

他,曾拥有着无限风光,却不愿坐享其成,一直向着远方的目标奔跑……沉淀、总结、探究,致力于为家居业零售管理奉献自己多年奔跑的力量!

他,见微知著、明见万里,是一位心思缜密的分析型理性从业者,但他身边,却大多是执着于改变与创新的文学与艺术工作者,只因,他热爱生活。

这一次——他想与我们更深入地聊一聊,聊一聊中国家居零售的现状与未来;聊一聊新零售的大环境下,我们如何面对红利枯竭、如何面对成本上升、如何面对消费观念升级、如何寻找更有效的增长点……

他致力于在看似有序的市场环境中，找出问题与局限，并给出更多切实可行的解决方案，提高复杂环境下的管理效率……

他希望与零售从业者共同前行，在当前越来越碎片化的信息环境下，寻找阳光与雨露，创造更好的用户体验，实现更高的运营效率。

商业陈列师

2021年1月于杭州

前　言

尽管国内零售市场很大，各种类型的卖场众多，但是实体店面的生存环境并不乐观。以往，大家所经营的产品还有区别，而现在，产品之间的相似度很高，同质化现象越来越严重。诚然，产品的自身状况已然如此！除此之外，店面效果、销售人员、薪资方案、营销措施，甚至是所谓的店面个性化，这些不也同样在趋于同质化吗？

实体零售店面在前期享受到红利后，正面临着不可回避的压力和困境，如严重的积压库存、急需升级的店面和团队。管理者完全放手显然行不通，除了在战略决策上不能失误以外，想要突围，还应注重店面在经营过程中的管理。

魔鬼隐藏在细节之中。这句话对于热爱零售的人来说，不会陌生。笔者在零售行业深耕了20多年，总结出一条至关重要的成功经验，就是要执着地注重细节。因此在实战的店面经营过程中，笔者时刻以精细化思维来指导自己开展工作，把能够影响到经营成败的大事细化成一件件小事，然后再用心把这些小事做精！

何谓小的事情，就数据而言，笔者细化了零售店面在日常经营过程中所需要重点关注的十大类（共36种）数据，每一种数据都源自实战，并经历了多次的检验，因此它们并不空洞，也不是泛泛而谈。在笔者看来，这些数据都有温度，都有着自身存在的意义。

精细化零售非常强调使用表格工具来管理好店面。因此，在本书中也罗列出了具有实战意义的50份表格。这些表格涵盖了客户的跟踪维护和成交、客户来源渠道的拓展、产品结构、人力资源发展等。它们的共同点就是充分聚焦店面经营的本身而不会显得烦琐，因为这些年对于表格，笔者一直秉承着简单、清晰和实用的原则！

在人力资源的章节，笔者则是从人力资源业务伙伴的角度来阐述，这样才能区别于传统的观点，内容更侧重于业务部门的实际需求。同时，本书中提供了多种独特的解决方案，将人力资源和其自身的价值真正嵌入店面的各业务单元的价值链中。

在笔者看来，客服部门职责的重要性是仅次于销售岗位的。一家零售店面想要取得长远的发展，客服不可或缺，而且管理者还应当致力于将客服部门打造成一个具有营销理念，或者是能够为店面带来长尾利润的部门。本书用了较大的篇幅来重点讲述客服营销，势必能够引导各位读者重新认知客户的价值，根据内容重新探索、总结出深挖客户价值的方法。

在这本书写到快结束时，笔者对于书籍的命名还迟迟未能拿定主意，直到在整理店面标准化维护这个章节时才确定了下来。零售店面是完全呈现在客户面前的，店面自身的状态能够影响客户的认可程度和订单的成交量。店面维护更是一项重要的工作，它非常强调细节标准化的巡店内容，奉行事无巨细的道理。正因如此，笔者才下定决心，准备从零售店面的精细化角度来重新梳理自己的经验，从而将所有的内容能系统化地展现在本书中。

在本书中，虽然不少的案例基本上是围绕着家居行业展开的，但也借鉴了快销品店面不少的经验，几乎都是笔者在这些年里对精细化零售的经验总结。通俗而言，它们都具有"干货"气质，直击零售要点，文字简单易懂且非常接地气。所以，不管您是否喜爱阅读，只要您从事着零售行业，或是热爱这个行业，读上一遍，必有收获；如果能借鉴使用书中的几点经验，也必将帮助您提升店面的业绩！

将这么多干货一股脑写出来，虽然内心中也有些不舍，但知识理应被用来分享！

2021年4月

目 录

序

前 言

第一章
内部管理的十类关键数据

第一类关键数据　个人业绩数据 /02

第二类关键数据　经营管控类数据 /03

第三类关键数据　新客户数据 /05

第四类关键数据　待成交客户数据 /11

第五类关键数据　成交客户数据 /13

第六类关键数据　销售产品的结构数据 /15

第七类关键数据　老客户数据 /16

第八类关键数据　客户回访类数据 /18

第九类关键数据　库存数据 /20

第十类关键数据　人事数据 /22

第二章
业绩增长的十类关键措施

第一个关键措施　科学立体地分解年度指标 /28
第二个关键措施　设定变动费用标准 /32
第三个关键措施　确定年度活动计划 /35
第四个关键措施　使用表格管理工具 /37
第五个关键措施　建立高效率的组织 /40
第六个关键措施　健全编制 /43
第七个关键措施　作战规划 /46
第八个关键措施　有效的培训 /51
第九个关键措施　高效的会议管理 /56
第十个关键措施　完善重点的销售制度 /62

第三章
店面的展陈形象

要点一　值得反思的店面形象 /76
要点二　选择展陈产品的要点 /77
要点三　店面设计 /79
要点四　产品展陈的细节 /83
要点五　优化展陈产品的思路 /85

第四章
店面标准化维护

内容一　店面标准化维护的内容　/90
内容二　店面日常巡店制度　/98
内容三　巡店细节的案例指导　/99
内容四　巡店问题的解决方案　/101

第五章
产品管理

第一类管理　积压库存管理　/104
第二类管理　仓库产品管理　/110
第三类管理　店面样品管理　/112
第四类管理　产品订单管理　/115
第五类管理　产品退换货管理　/116
第六类管理　产品价格管理　/117
第七类管理　优化产品管理岗职能　/120

第六章
人才的可持续发展

人员管理要点一　审视人力资源现状　/128
人员管理要点二　选人的4个重点　/135

人员管理要点三　用人的5个重点 /144

人员管理要点四　育人的过程管理 /152

人员管理要点五　留人的方法 /162

人员管理要点六　离职管控 /174

第七章
聚焦经营的客服体系

客服营销思路一　扩大粉丝客户 /182

客服营销思路二　寻找老客户 /184

客服营销思路三　与老客户互动的实战方法 /189

客服营销思路四　客服的8项关键职能 /197

客服营销思路五　完善的客服管理组织 /208

客服营销思路六　客服CRM系统 /211

客服营销思路七　搭建线上客服平台 /212

结　语 /217

第一章
内部管理的十类关键数据

  传统的数据管理是通过对数据结果的分析，找出经营过程中出现的问题。现在，店面面临严峻的竞争环境，应当在收集到有效的数据后，变反馈为前馈，依靠数据来管理经营全过程，即为了达成数据指标，提前对经营行为进行量化。通过过程管理最终达成结果目标，这样才能让数据发挥出最大的作用。

  本章着重讲述店面内部管理的十类关键数据，并从中细分出有助于指导具体行动的多项数据。

第一类关键数据
个人业绩数据

一、个人业绩与整体业绩数据

店面月度业绩数据的变化牵动着所有员工的内心，管理者更应确保所有员工都清楚地知道个人、全店当月的业绩数据，以及年度内至今的业绩数据。全员营销，首先就必须确保大家时刻关注着业绩数据，并清楚自身对店面的贡献值。

如果二线部门没有关注业绩数据的意识，谈何全员营销和建议创新呢？他们想要了解店面员工的个人业绩状况，就应该深入一线，优化自身的配合度，为店面的销售业绩提供帮助。

这个数据看似简单，其实背后隐含着员工的责任心和担当意识，反映出他们疏导压力和换位思考的工作能力。

二、个人业绩与收入数据

零售店面的员工薪酬结构应当简单清晰，避免过于复杂，或是设置过多的条件限制。成交一笔订单，大家应都能快速计算出具体的提成收入。因此每当有客户进店，销售顾问的眼神里就会流露出必成的信念，因为他们看到的就是具体的收入金额。

所有的员工都能快速核算出本月截至当前的全部提成收入，那么，业绩好的员工就会成为其他人羡慕的对象，因为大家都清楚他这个月的收入。业绩暂时落后的员工心里也会有落差，这就会刺激他们去改变，去努力，这或许比店面强压给他们指标的做法更有效。

第二类关键数据
经营管控类数据

一、坪效数据

坪效数据是指店面单位面积所产生的销售业绩，对比以下这两种坪效数据是常态化的工作之一。

其一是店面整体坪效数据的对比，包括它与同级别城市的同品牌店面，以及与同商场竞争对手店面的横向比较。坪效数据低的店面，就要梳理展陈产品的结构，以及合理评估店面的销售能力，比如销售顾问是否具备完善的空间解读和引导客户消费的能力。

其二是店面房间组坪效数据的对比，比较店面内部不同房间组的坪效并提高每个房间组的坪效，也是完成业绩的关键。坪效数据低的房间组，应当审视它的内部布局、产品的展陈效果以及客户体验感。

二、折扣率数据

折扣率直接决定着利润产出的大小。不同的销售顾问有着不同的销售折扣率。店面管理者应当充分重视，分析折扣率高低的原因，并对比每笔订单的折扣率数据，因为折扣率有可能就是影响个人业绩的关键因素之一。

特殊折扣的订单，肯定会影响整体折扣率。对于特殊折扣订单，管理者要有把关监督的意识，因为特殊折扣与销售习惯有关联，销售顾问会利用特殊折扣来加快订单的成交。

为了有效监督和规避店面内部的矛盾，店面应制定折扣申请制度，定期检查产生特殊折扣的原因，以及反思管理者在授予特殊折扣时是否坚守了公平的原则。

清仓产品的订单也会拉低折扣率，因此分析折扣数据时，不能以偏概全，这部分订单要区别对待。对于清仓产品，在实行一物一价的同时，应管控好源头，尽量减少非常态化的清仓动作。

折扣率对于店面和所有员工都是一把双刃剑，整体业绩与折扣率的控制有关联。守住折扣，店面整体业绩自然会受到影响；而放下折扣，虽然有了业绩，但会产生不良的销售习惯，后期再想提高折扣水平，难度会很大。

实战的经验是当店面以一个竞争者的姿态进入市场时，成交率比折扣率更为重要，毕竟成交客户数量是关键。

三、活动产出率数据

活动产出率数据以不浪费为准，可以用于管理好费用，控制好活动成本的投入。每年店面都会有年度的活动费用预算，它根据销售指标而设定，属于变动费用的范畴。

不管是何种目的、何种形式的活动，都会产生费用。作为管理者，应当评估活动的投入成本，以及所能换回的收益。鉴于家具属于低频高单值的消费产品，有着自身特有的销售模式，因此不能完全以活动产出的业绩金额来衡量收益，而需要将活动收益细分成订单金额、成交客户数量、进店客户数量、客户留资数量等多个不同的收益点。

获客留资成本的数据适用于衡量线上引流活动、楼盘拓展活动的产出；客户成交成本的数据适用于衡量爆破活动的产出，这些数据都能被用于分析和总结活动的过程。

每场活动都有不同项成本的核算，店面应先确定自身能够接受的成本，再去匹配活动内容。令人担忧的是，多数店面完全没有核算产出率的意识，团队除了控制不住费用以外，还会因为没有具体的要求滋生出惰性。

四、目标楼盘产出率数据

想要将年度销售指标分解到目标楼盘的产出数据，就需要店面围绕着多个目标楼盘，制订出具体的深挖措施。

针对具体楼盘，店面设有既定的产出目标，根据平均客单价，分析需要成交的客户数量，再结合楼盘所有业主数量，就能核算出成交业主的占比，店面可以根据这个占比制订出具体的行动措施。目标楼盘产出率数据，就是上述的一系列数据，它能够促使店面阶段性地分析和总结目标楼盘的拓展过程，从而及时调整行动措施。

在分析和总结时，一旦发现占比数据低于其他的同质楼盘，或是低于竞争对手在该楼盘的占比数据，就应当深究其中的原因。例如：观察对手的营销方法，能不能模仿？对手在该楼盘里的行动是不是比自身更快、更狠、更准呢？了解合作异业在该楼盘里的成交业主占比数据，能不能向他们借力？这些思考能为店面制订出补救措施，但补救措施远没有在开始时采取精准措施更为有效，因为行动已经滞后。这也从侧面告诉大家，提前预判和分析目标楼盘产出率数据更为重要。

目标楼盘产出率还有其他计算方式，包括该楼盘产出业绩与店面总体业绩之间的占比数据，以及该楼盘成交客户数量与店面总成交客户数量的占比数据，将任何一个数据，结合上面的楼盘成交业主占比数据去做比较，即可分析出目标楼盘的产出情况。当出现业绩占比大而业主占比小的情形，就说明该楼盘仍能继续产出业绩，还值得深挖，也意味着店面在今后仍有业绩提升的空间。

第三类关键数据
新客户数据

店面将销售指标分解给销售顾问，仅停留在纸面上是不够的，务实起见，仍需将销售指标细分成多项有具体行为特征的量化目标，比如新客户的留资率、接待时长、意向客户的量房和设计进展，等等。通过"客户跟踪信息表"来管理销售顾问接待和跟踪客户的过程，将实现业绩指标的结果压力转化成过程压力。

客户跟踪信息表

客户编号	销售顾问	客户名称	联系方式	进店渠道备忘	楼盘地址	楼盘面积/m²	楼盘状况	初次接待日期	初次接待时长/min	跟踪过程							最近更新日期	最新跟踪状态（使用编辑批注方式，不要删历史记录）	下次计划
										家访日期	无须家访理由	出方案日期	洽谈方案日期	预计金额/元	意向系列			

填写要求：该表仅由销售顾问填写；针对每日接待的客户均须在最后行添加；不分月依次延续；丢单客户不允许删除，只需整行标红即可。

特别提醒："最新跟踪状态"一列，须使用编辑批注的方式填写；不要删除历史跟踪记录，历史记录将作为评判"客户保护期"和解决订单纠纷的重要依据。

分析新客户的数据，只要能保持深挖细究的兴趣，不断细分出可以量化行为的数据目标，就能为店面经营带来更精准有效的行动措施。

一、累计接待客户的数量

不断积累的新客户是店面业绩保持稳定的基础，梳理整个店面的接待数据，将累计接待的客户数量细化到新进店客户、未购买重复进店客户、已购买进店老客户这3种不同类型的数据，此举的目的是让管理者务必时刻清楚所有进店客户的结构。

如果店面自身与周边店面相比较，新客户数量一直处于下降趋势，就要引起警觉，此时务必要加强拓展客户来源渠道、调整店面的布置以增强产品吸引力。

店面整体接待新客户的数量，还应当细分为每位销售顾问的接待数量，让个人总结出各自的数据是否达到店面的平均数值。个人接待数据与其自身的日常行为相关，包括站位时间与上客时间的冲突、个人状态、繁杂琐碎工作的影响、意向客户的频繁进店、外出拓展的次数等等，所以对于接待数量偏低的销售顾问，店面管理者要深究其原因，增加关注度。

二、新客户的接待时长

结合店面以往下单客户的平均初次接待时间，为所有人提供可参考的接待标准时长数据。低于店面标准接待时长的销售顾问，往往就存在着接待的短板，店面管理者应当为他们提供学习的榜样和专项培训，适当增加硬性要求。比如，为他们的接待过程进行录音，让管理者和销售顾问一起聆听，一起讨论，从中找出接待的薄弱环节，并为自己制订新的时长目标。

该如何提高店面整体的接待时长，多留客户几分钟呢？除了培训，店面还需要有一整套销售工具来促使客户愿意主动逗留，比如设计方案的VR展示、组合有序的实景照片、常备户型图与客户深入交流等等。这些工具能帮助客户找到家居感觉。

当然最重要的还是店面的展陈效果，店面平和、落地、具有亲和力的展陈氛围，让产品能有节奏地与进店客户产生一层层情感叠加的互动，让客户被店面的展陈产品深深吸引，从而有意愿继续逗留，这样销售顾问才会有与客户真正互动交流的机会。

三、新客户留资率

留资率是店面能够与客户产生二次互动的一个重要因素。

进店客流登记表里列举了许多新进店客户的信息点，其中最为关键的是客户的联系方式、楼盘、户型信息。每位销售顾问都应当具备收集客户信息的意识，对于新进店客户，无论意向如何，都要尽全力留取对方的联系方式。

每位销售顾问的新客户留资率肯定会不一样，对于留资率低的员工，店面要关注他们在接待过程中索取联系方式的方法是否需要改进。

实战中，笔者要求销售顾问在接待过程中向客户索要联系方式的次数不能少于3次，而且每次的话术必须有所区别。索要的方法也有讲究，店面要善于创造出能让客户在放松心情的情况下留下联系方式的机会，比如使用赠品作为手段，或者开发出小程序，让客户扫码，由第三方平台直接获取客户的微信号。针对实在不愿意留下信息的客户，店面应当主动将自己的信息留给对方，所以在他们离店时，一定要递送一份含有联系方式的宣传资料给对方。

四、新客户来源渠道数据

分析进店客户的来源渠道，守店经营的模式已经不能满足店面的需求，大家应开展前景营销，想尽办法让产品提前与客户见面，尽全力地去获客。作者在同系列图书《精细化零售·实战营销》中重点提及了楼盘深耕、异业合作和设计师渠道拓展、线上直播营销等具体方法，它们正在被广泛地运用在实战中。

走出去的营销，需要有客观数据来反馈客户拓展渠道的质量，以及投入产出比。许多店面都会核算单位客户的获客成本，越来越高的获客成本早已司空见惯，这一切都源于市场的残酷竞争，所以店面在经营中更应该珍惜每一位新进店客户。

在店面的组织架构中，会设有渠道专员的工作岗位，职责就是维护各种客户来源渠道，及时获取客户信息，并邀约对方进店。尊重这个岗位的工作，就应当给他们一个真实的新客户渠道数据。

店面管理者细化各个渠道的信息台账表，通过调查能分析出目前各个渠道的优劣势，并明确团队今后努力突破的方向。

渠道客户信息台账周报表									
渠道专员姓名：			本周客户信息收集数量：			填写时间：			
本周已到店客户信息									
客户姓名	地址	电话	来源渠道	报备日期	初次进店日期	接待销售	接待时长/min	意向程度	跟踪进度	是否可签单

就具体的新客户来源渠道数据，应重点关注以下几个：

1. 设计师带进店客户数据

设计师推荐进店的客户数量，以及它占全部进店客户数量的比例，能反映出渠道人员维护设计师的表现。店面通常遇到的困惑是维护的设计师数量很多，但他们带客户进店却很少，所以店面要关注这几个方面：

① 设计师的合作方案是否具有竞争力。
② 能否为设计师提供某些独特且有价值的创新服务。
③ 正确评估设计师真实的合作意愿。
④ 维护人员是否合适，维护得是否及时。
⑤ 店面经营的产品是否契合设计师所擅长的设计风格，以及客户的切实需求。

设计师资源应该归店面所有。但凡遇到优质设计师，却没有得到相应的转介绍客户数量，店面应该考虑收回这些资源，再根据员工的重视程度及个人性格进行二次分配，因此应统计出所有维护设计师的信息，设计出监督维护过程的表格。

2. 楼盘营销进店客户数据

针对目标楼盘的营销，越早行动效果越好，有样板间比没样板间好，所以在总结分析这个数据时，要结合楼盘所处的具体节点。

楼盘安排有开盘口、销售期、工地开放日、业主见面会、交付日、节日沙龙、交付后等各个节点，从前端节点就开始营销，效果远比在后期节点的效果好很多。所以快速是楼盘营销的不变法则，具体的营销方法在《精细化零售·实战营销》中有重点的叙述。

拓展楼盘客户数量的渠道，还可以细分到置业顾问、物业、样板间以及扫楼获客等方面。各种渠道的占比数据，能够反映出店面所擅长的拓展行为，而短板就是提升业绩的关键。

3. 老客户转介绍进店客户数据

这个数据意味着店面与老客户的黏性强弱，能反映出销售顾问或客服部门维护老客户的力度。一旦转介绍客户数量持续走低，除了要检查维护老客户的过程，也要客观评价目前阶段维护老客户的投入程度，最重要的是要反思产品风格是否合乎市场的主流趋势。

上述3种数据是新客户进店渠道中较为重要的，当然新客户还有更多的进店渠道，比如异业推荐、线上和线下广告的转化。不管渠道如何，店面管理者只需用心细化数据，提升自己擅长的、有优势的渠道方法，并将它做到更强；针对薄弱的环节，则应想尽办法去弥补，比如招聘得力干将、强化内部培训、与更多的外部资源开展合作、组织各种具有吸引力的活动。

多年实战中，笔者养成了一个习惯，每每看到有新客户进店，都会下意识地思考客户是如何知道我们店面的，并会习惯性地向销售顾问询问，这个答案会指引我们思考、决策和行动。

第四类关键数据
待成交客户数据

一、待成交客户累计进店次数

篮球比赛中常见的是三步上篮，前面的第一步和第二步很关键，走好了是梦幻舞步，得分；走差了是走步违例，交还球权，这与跟踪和成交客户的节奏是一样的。笔者总结过许多金牌销售顾问的成交过程，他们的签单大概率是发生在客户进店的第三次或第四次时，因此鼓励大家以客户第三次进店成交为目标。

客户进店次数过多，显然对方还处于犹豫或比较中，销售顾问在先前的接待维护过程中，就要主动探寻对方的疑问，敏感地捕捉突破口。当然也有可能潜藏着竞争对手，那么就要加强跟踪的力度，主动引导客户做出选择。

实战中，笔者也常常向销售顾问灌输一个观点：永远要比竞争对手快一步、狠一点！只要你一直处于这种状态，竞争对手在你面前就会一直处于劣势。

对于销售顾问自身而言，如果在待成交客户身上耗费太多的精力，会影响到日常的工作效率，牵绊自己的思绪和心情，还会减少站位的机会，从而失去接待到新客户的机会。

如果某位销售顾问的待成交客户进店次数远多于店面平均值时，其原因一跟客户自身的性格有关，他可能就是一个慢性子的人；二是销售顾问有可能还没掌握成交节奏，没能找到推进成交的具体方法。这两个问题，掌握好金牌销售的基本技能就可以解决。

二、次月待成交客户数量

每月底，店面管理者都会被要求预测次月的销售金额，可是等到次月结束时，却发现实际的业绩与当初的预测有些差距，这显然是销售顾问对待成交客户的预判发生了偏差。

每家店面，年初分解的月度计划是一个数据目标，在实际经营中，难免都会有些变化，因此在预测次月业绩时，还是要力求科学和严谨。待成交客户信息表是预测次月业绩的重要工具之一。每个月底，店面应要求销售顾问根据客户跟踪信息表中的内容进行填写，交由管理者审核。

开始使用此表的阶段，月底时实际成交的情况与表格会有不少的差异，大家除了疑惑，并不会有特别的感触。然而一旦连续多月跟踪这张表格的数据，销售顾问自然会加大重视，逐渐就养成科学预测的习惯，管理者因此能通过他们各自的预测来管理店面所有的意向客户。

笔者在实战中也会使用这张表格，要求店面管理者通过对比现实情况与表格数据的差异，认真评估店面每位销售顾问的工作状态，如果当月没有成交，结果是已丢单还是仍然存在着成交的机会，其中的原因是什么？总结销售顾问跟踪维护客户的过程，他们有没有按照既定的计划去做？诸如这些问题的答案，都能从这些数据里得到。

待成交客户信息表										
序号	销售顾问	客户姓名	联系方式	楼盘地址	初次进店日期	购买套细/组别	预算/元	进店次数/次	家访情况	方案情况	竞争对手	所需支持

店面管理者通过连续多月分析销售顾问的实际成交与预测成交客户数量的占比变化,再统计出所有处于待下单状态的客户数量,能帮助店面采取适时的调整措施。比如某位销售顾问有不少的意向客户,但是又不能在自己预测的时间内成交,那么作为一种惩罚或是平衡全员意向客户数量的手段,管理者应采取停止该销售顾问站位的措施,直到其完成设定的销售目标后再恢复站位。

第五类关键数据
成交客户数据

一、成交客户的服务数据

服务数据主要包括是否有家访服务、累计更改方案的次数、客户的累计进店次数。这3个详细的数据可以反馈出销售顾问与设计部门的服务质量。实战中,虽然强调结果导向,但过程中体现出来的工作效率也必然不可忽视。比如客户的累计进店次数,是为了衡量销售顾问与客户成交订单的能力,结合店面所有成交客户的平均累计进店次数，从中找到问题的根本点，为了最终的目标，向销售顾问提供精准的学习方向。

二、客单价

要想在市场中占有一定的份额，成交客户数量和客单价是起到决定性作用的两个因素，而客单价更是店面必不可少的要去重点关注的对象。

客单价是指店面每位客户的平均下单金额，它能反映出店面的实际经营能力，以及销售顾问引导和把握客户消费的能力。它也与品牌在市场中的定位相关，可销售的产品线足够丰富的店面，客单价就会高。如果一家店面的业绩主要依靠单件产品或是单个房间组的销售订单，客单价自然就不会高。

店面可以从影响客单价的几个因素中找出提升客单价的方法，其中提升整单销售的机会最为核心。

客单价的影响因素及提升途径	
因素	提升客单价的途径
产品	规划店面的展陈产品，充分展示客餐厅和主卧，因为这两个房间组决定着客户购买的方向
	根据长尾消费的特点，要有销售配套产品的意识，对于购买家具产品的客户而言，床垫和饰品必不可少
销售顾问	销售顾问接待跟踪客户要有自己的方法，不能一味跟着客户的节奏，经常销售大单的销售顾问都具备引导客户选择的能力
设计服务	改善设计服务流程和设计质量，提高设计师与销售顾问之间的配合度，帮助成交、提升客单价是设计师的重要价值，因此设计师要参与到成交的洽谈之中
客户报备	店面应实行大客户报备制度，由于销售顾问能力的差异，部分进店的大客户容易被接待能力不足的销售顾问所忽视，导致大客户信息被滞留，所以响应和推进成交的速度也会偏慢，时间一长就会丢单

店面应不定期梳理所有销售顾问的大单客户信息，必要时可以采取强制合作的措施，管理者和其他服务部门的同事共同参与进去，组建多对一的小组为大单客户提供VIP服务。

店面除了坚持长期培训以外，还要为大家树立优秀的榜样，可以每个月对销售单价最高的销售顾问进行奖励，并请他们分享优秀的经验。

第六类关键数据
销售产品的结构数据

销售产品的结构数据是分析产品产出率、产品利润率和客单价的基础，也可以用来评估销售的合理性。

产品结构通常会被细分为下面几个数据，以方便对比。

一、各系列的销售占比

通常，单个品牌的产品会有多个不同的系列，店面为确保出样的完整性，自然会尽可能地将它们都展示出来。然而，这些不同系列的产品的销售表现肯定会不一样，这与产品本身有一定的关系，但是，也不能忽视产品展示效果和销售顾问影响客户购买等因素。

这个数据也会因为客户的喜好趋势、客户购买力、楼盘户型的变化而有所变化，店面持续关注这个数据，不仅可以完善产品的最佳展示结构，还能深究出影响销售的根本原因。

二、各房间组的销售占比

这个数据主要侧重于客厅、餐厅和主卧，原则上客厅跟餐厅的销售占比应趋于相近，因为这两个房间组对于客户而言，大概率会在一个空间，从而选择一同购买。

某位销售顾问销售客厅组的数量远大于餐厅组时，店面管理者就应当与他一起分析餐厅组销售数据差的原因。是客厅组和餐厅组的价格比不合理？还是出样的餐厅组产品未能体现出最佳的展示效果？餐厅与客厅不搭调的因素都可能让客户找不到购买的感觉。

三、零单与整单的占比

　　如果客户只购买某一房间组，通常会被认为零散购买型客户。发生这种情形有客户自身的原因，有可能是客户预算不足，也有可能是客户采取逐步购买的策略；当然也有竞争对手的原因，他们在某些房间组上可能有着明显的优势。

　　以上数据需要细化到每位销售顾问，并且要结合店面的平均数据，如果平均数据都比较低，那就需要店面找方法来解决因为店面展示、价格策略以及竞争对手带来的各种困扰。

　　导致销售产品结构不均衡的因素，主要还是销售顾问产生了销售定式，主要有两个原因：

　　其一，受制于产品系列的售价。销售顾问擅长销售高单价的产品系列固然没错，但一味追求这种结果，也会得不偿失，因为非常有可能丢失不少订单，因此要平衡自己销售产品的结构。同理，习惯于销售低单价产品系列的销售顾问，也应当提升自信心，不能因为害怕客户拒绝而不去尝试推荐高单价产品。

　　其二，受制于自身对产品系列喜好。销售顾问擅长销售某些系列的产品，而其他系列的销售情况却很不好，这就说明在向客户推荐产品时，基于自身喜好的现象比较严重。对于自己不喜欢的系列，销售顾问的推荐热情和信心就不足。长此以往，就形成了销售定式，会影响到销售顾问个人的业绩表现。所以只有统计和分析销售顾问销售产品的结构数据，才能给予他们及时的提醒和指导。

第七类关键数据
老客户数据

　　老客户是所有品牌和店面不可或缺的资源，若要在老客户的维护和营销上取得突破性成绩，首当其冲的就应当分析老客户的各种数据。

一、老客户信息准确率

实战中，不少店面不注重对老客户信息的核对、收集和保存，时间一久，就失去了老客户的联系方式，这种损失虽然是隐性的，但影响却非常大。

二、老客户重复购买金额

维护老客户的目的之一，就是提高他们重复购买的概率。想要让老客户重复购买，除了销售顾问个人对老客户的认真维护以外，也需要有店面的配合。一方面店面应定期组织易于老客户参与的活动，邀约他们再次进店体验新产品、新氛围，并与销售顾问见面互动；另一方面店面应设计出各种积分、优惠券、礼金券、体验券等销售工具，一起组合使用。

当出现老客户重复购买金额占季度业绩比例过高的情形，在排除掉绝对高值订单的影响后，就有可能意味着新客户的成交率在降低，因此就需要检查店面新进店客户的数量、审视客户来源渠道以及接待质量。

三、老客户转介绍成交率

老客户除了自身重复购买以外，转介绍更是店面应重点关注的。前文在进店客户渠道的内容中提到了转介绍进店的客户数量与所有进店客户数量的占比，但这里强调的是这些转介绍客户的成交率数据。

虽然老客户转介绍的客户进店了，但成交情况却没能达到预期的目标，具体的原因有可能是老客户并没有做好口碑背书、店面展示效果不够理想，也有可能是店面没有完善的转介绍客户的报备机制或跟踪权益的归属并不清晰。比如有些店面，往往出现维护老客户的销售顾问与接待转介绍客户的销售顾问并不是同一个人，这就影响了内部的竞争氛围，也会影响接待服务质量。

四、老客户关注店面公众号的数量

对于店面公众号而言,增加粉丝数量是第一步,其中一个关键点是个人微信号与公众号之间能互相衔接。店面应持续向以往的老客户推送公众号名片或在成交时就以服务为理由邀请客户关注,一旦他们关注了公众号,起码也能多了一条深入了解店面信息的途径。

第八类关键数据
客户回访类数据

想要从客户那里获取对店面有价值的信息,途径有很多,因为能接触到客户的员工不少,其中就包含一线的销售顾问,他们会将真实的工作状态呈现在客户的面前,而客户也会将意见反馈给他们。

由销售顾问来反馈客户的信息很有必要,但这并不是唯一的途径,而且也存在弊端。信息或许会失真,也并不会全面,因为他们可能选择性地反馈,屏蔽掉那些对自身不利的内容,例如客户对他们的责备。

实战中,店面肯定希望能够获得尽可能多的真实信息,因此由客服部门对客户进行回访,就是比较好的方法。为确保回访成功率和获得高价值的信息,店面应当建立起完善的客户回访机制。

回访客户,能获取有价值的资源和信息。店面应整理好各种回访的话术,规范好回访的标准流程,确保回访信息的真实性和有效性。所有的回访工作要做到不频繁、少重复,避免打扰到客户。有条件的店面,还可以使用线上回访的方式,实现无声客服,赢得客户由衷的认可。

客户回访类数据			
回访对象	数据	回访要点和措施	
新进店客户	客户信息准确率	员工填写的进店客户登记表，其中的信息会存在着人为产生的误差，管理者应不定期抽查客户信息的真实性，及时的监督能确保好的方法不流于形式	
	回访成功率	在初次接待客户的过程中，销售顾问就要使用标准化的话术为成功回访做好铺垫，因此回访成功率数据能反映出他们的配合程度	
	接待服务满意度	这是客户对销售顾问接待服务的综合评价，这个数据结合到店面平均留资率，能更准确分析出销售顾问的接待水平	
	店面效果满意度	这是客户对店面展陈效果和产品的评价，来自客户角度的完善建议，意味着向店面设计师提出更高的要求，督促他们不断更新优化店面	
	客户二次进店意愿率	新客户是否愿意二次进店参观和选购，这个回访数据为销售顾问提供了切实的帮助。每位员工就各自客户的二次进店意愿率数据进行横向对比，究其原因，制订出提升目标	
成交客户	客户信息准确率	确保订单上的客户信息是真实的，避免影响到售后服务而导致客户流失	
	回访成功率	通过回访向客户的认可表示感谢，校对订单产品，核实具体的送货时间。店面若想获得持续的收益，需要设计运用有利于客户反馈的措施，围绕更多方面进行回访，比如客单价低的原因、竞争对手的信息等等	
	送货满意度	送货服务有固定的环节，每个环节都有严格的流程和标准，为了有效监督，店面应根据流程和标准确定回访的内容，邀请客户为整个送货服务过程进行打分，加权的结果就是送货满意度	
	维修保养满意度	监督服务过程，也为了能获得客户的一声感谢，这是对服务员工的最大肯定。让客户感受到团队的服务，显然也能强化品牌和店面在客户心中的地位	
投诉客户	投诉原因的构成数据	客户投诉有来自销售顾问、客户自身、产品、服务、交货期等各种原因。店面管理者应进行分析，对比它们的同期环比值，做总结，梳理改善方法，减少投诉比率	
	投诉处理满意度或投诉升级率	此数据监督店面内部响应客户投诉的速度，避免因为内部不作为和推诿，导致遗留问题，或是投诉升级。如果起初处理不当，后期挽回的成本更大，所以店面不得不去关注这个数据，管理者从中探究投诉的真实原因，并梳理内部工作流程	
老客户	回访参与活动的满意度	改善活动的形式和过程，除了自我总结和反思，回访客户也有必要。活动结束后，请他们打分和评价。这能指导今后的活动组织，让内容更贴合客户的需求，而不是闭门造车	
	回访转介绍意愿度	定期组织客服和销售的双向会议，双方判断回访客户的转介绍意愿度，协商更好的维护方式，提高转介绍率。这是两个部门分别从各自的角度来客观评价当前的客户转介绍意愿度，而不是仅凭个人的认知，这样可以促使销售顾问能更理性地看待老客户	

第九类关键数据
库存数据

一家运营良好的店面，每位员工都应当具备持续关注库存数据的意识，在自己的岗位上力所能及地控制不良库存的产生，并且能积极主动地销售积压库存。本书在产品管理章节中重点讲述了控制库存的方法，也列举出店面每周和每月使用的3张库存管理表格，用以监督产品的动态变化过程。

一、送货准确率

送货准确率面对的是订单计划送货时间与实际送货时间之间的差异，送货准确率高，能为店面在经营过程中带来不少好处，比如合理安排订单产品的下单生产和提货时间，从而更有效地利用资金，同时还能缓解仓库的存储压力。

二、退换货率

个人退换货率是当月退换货金额占当月送货金额的比值，这个数据能反馈出从接待、成交到送货过程中所有服务的质量。尽量减少和避免退换货，是每位销售顾问应尽的义务，不能为了成交而使用一些不恰当的方法。在订单成交后，严格执行订单的自检工作，并向客户继续提供高质量的服务。

实战中，笔者经常需要审批退换货申请，除了询问销售顾问自身的原因以外，更多的还是会本着为品牌树立良好口碑的想法，并站在客户的角度去换位思考。试想，不满意的产品放在家里，客户每看一次，就会难受一次。如果有朋友来做客，他要是带上一点负面的宣传，无疑对品牌也是一次伤害，更何谈转介绍呢？因此会尽量去协调，满足他们的退换货想法。至于退换回来的产品，显然就急需处理。若是销售方面的原因，问责是必不可少的环节，要不然，不会引起销售顾问重视。

店面应每月统计出所有销售顾问各自的退换货率，对于数据持续走高的销售顾问，就需要对其进行严肃认真的培训指导，并制订具体的下降指标。退换回来的产品，自然就变成了新增库存，这些产品不能没有追溯，而导致新增库存的销售顾问理应成为销售这些产品的首要责任人，店面为此还需要设定严格的时间期限。

三、新增和消化库存数据

不管仓库有多大的仓储面积，总能摆满，还会觉得不够用，虽然这是个稍显夸张的笑话。但在实战中，笔者巡查过多地的仓库，却发现真如上述笑话一样，在仓储面积充裕的情况下，内部产品摆放混乱，大家以力图方便为由，逐渐就疏忽了仓库管理的标准化。

精细化管理中，仓库管理也是重要的一项内容，首要是执行5S管理标准，规范作业环境，保证数据准确。其中，数据就包括了仓库每月库存的动态变化数据，它包含两个核心数据。

1. 每周新增库存数据

店面每周要了解新增产品的性质，是属于待送货产品、退换货产品、店面或样板间的撤场产品，还是待上样产品。店面应用新增库存的件数及金额与上一周进行比较，查看一下绝对值的变化情况，结合上述产品的性质进行分析，尤其要重点分析非待送货产品的情况。

2. 每周消化库存数据

消化就意味着减少，店面每周都应当设有库存消化的数据指标，实时统计实际完成与目标之间的差距，分析完成与未完成的原因。为此，店面应制订消化库存的具体措施，并安排责任部门监督所有员工的去库存行为。

消化库存的具体措施，是店面月度的重点工作之一，其实也是对全员的一次警醒，大家都应当围绕着既定措施切实做好消化库存的工作。毕竟库存会消耗仓储面积、占用资金，而且年复一年的积压，随着资产减值和通货膨胀，库存会越来越不值钱。

四、当月送货额与总库存金额的比例

这个数据强调的仍然是现金流的重要性。在快销行业里，周转率通常被认为是一件产品在一个月内，从仓库到客户的周转次数，它是衡量产品流动能力的一个常用数据。引用到家居行业，可以将库存周转率看作当月送货额与总库存金额的占比数据，它也具有一定的参考价值，可以帮助管理者及时关注库存数据的变化，提升高效使用资金的意识。

第十类关键数据
人事数据

员工在每天开展的每一项工作内容，结果大部分都会体现在具体的数据上，数据的好坏最终都会影响到店面的经营结果。员工是大部分数据的载体，因此管理者还应重点关注到人。

人事部门的工作内容不能仅局限于招聘和培训、员工关系管理，还要勤于思考，为店面的高效经营建立更多的有效机制。为此，本文着重筛选出6种关于"人"的重点数据，帮助大家理清人事管理的思路。

一、到岗率

店面为保持健康持续的经营，必然设有多个具体的岗位，以及相应的人员

编制要求。确保岗位人员满编很重要，招聘工作的结果反馈到数据上，就是到岗率。

店面若是长期缺编，会限制管理措施的正常开展。比如在末位淘汰制度下，员工表现不理想，那么是坚决执行制度，淘汰掉末位者，还是根据现状暂缓执行呢？无疑，两个选择都不是最佳方案。因为缺编，导致管理者无法轻易决定；因为缺编，导致部分员工的心理膨胀。这些情形显然都不利于日常管理。因此，员工到岗率非常关键，它应当被用于衡量人事部门日常的工作效率，毕竟招聘是他们最基础的职责。

管理者每月都要关注这个数据，监督人事部门开发更多的招聘渠道，并完善招聘流程。

二、新员工培训合格率

招聘到新员工后，管理者需要负责对其进行培训，培训合格与否，受两个重要因素影响：一是招聘质量，二是对培训的重视程度。

培训合格率也是检验招聘质量的一项数据。在销售行业，有种说法是销售冠军是选出来的，而不是培养出来的。这句话虽然有一点道理，但是也不能以偏概全。诚然，选对合适的人是第一重点，其他重点还包括招聘时有没有按照所需人物的画像去筛选、面试官的识人能力、面试过程的把关等等，这些都直接影响到招聘的质量。

不能奢求新员工有超强的自我学习和接受新知的能力，对培训的重视，要落实到细节，比如培训师的能力、培训的具体形式、培训课件的内容是不是还有待完善，培训有没有根据新员工的能力水平做一些适当的调整，培训过程有没有监督和反馈，等等，这些都需要管理者认真关注。

在试用期内，如果发现新员工并不合适，虽然可以解除合同，但其实这是对新员工不负责，也是对店面不负责的表现。新员工入职后的培训，不能任其自生自灭，要不断给予关注的目光，鼓励他们在所选择的道路上坚定地走下去。

三、重点员工进步率

所谓重点员工，一是值得重点培养的补优型员工；二是需要帮扶提升的补差型员工。管理者"一对一"帮扶是帮助重点员工提升绩效的一种有效措施，员工有了帮扶，绩效就有前后的对比。

实战中，每个部门，尤其是人事部门的管理者，每个月至少要帮扶一名重点员工，并将此作为当月的一项重要工作。如何衡量管理者帮扶的结果呢？最直观的是对比员工某项绩效在帮扶前后的数据。比如通过帮扶，员工在销售技能上有所突破，本月销售业绩与上月销售业绩的提升比例，这就是一种进步率。

虽然提升销售业绩是关键，但这最终也是通过提升员工各个方面的表现来实现的，因此只要是能用数据来衡量的表现，都可以作为衡量员工进步率的基础内容。

之所以要将提升重点员工进步率作为管理者的一个工作重心，目的是要让管理者亲身参与销售工作，力所能及地帮助销售顾问，不轻易放弃、抛弃团队中的每一个人。

四、关键绩效指标的完成数据

术业有专攻，店面管理者和人事部门应当让所有员工都聚焦在本职岗位的工作。所谓聚焦，就是将工作重心放在本岗位对店面的贡献值上，而且是那几项能产生最大贡献值的核心内容。为此，店面在岗位绩效指标的设置上，就应当避免杂乱、烦琐和重复。

店面管理者应衡量员工这些聚焦性质工作的完成情况，每月将指标的完成数据反馈给每位员工，让大家清楚自己当月的关键绩效数据，管理者也应以此数据来衡量每位员工的工作价值和存在意义。

五、员工日常工作表现数据

关键绩效指标，并不一定就能完全评价员工在店面的所有表现，因此除了关键指标外，想要全面评价一位员工，还应当结合他的日常工作表现。正如实战中会遇到的情形，销售业绩好的员工并不见得在任何地方都有足够优秀的表现，业绩不好的员工，也并非一无是处。

日常工作表现，主要集中在店面制度的遵守、个人纪律性的体现、团队的帮扶意识、自我形象的管理等等。针对这些内容，店面可以采取评分的方法，分值结果就是表现数据。

员工职业生涯发展的道路是多样化的，面对不同状态的员工，要给予适当的调整，或提升或转岗。店面调整岗位的基础来自管理者对员工的综合评价，其中就要同时考量他们的关键绩效数据和日常工作表现数据。

六、员工离职数据

员工离职会对店面造成损失，招聘、培训都有相应的成本。人力资源行业的分析结果显示，入职两年内的员工离职，此时人员成本的损失最大。对零售店面来说，更严重的损失是客户资源和潜在业绩的流失，因此员工离职管理就显得很重要。

员工离职数据，可以细化到两个方面：一是离职员工数量的绝对值，二是离职员工数量与在岗编制员工数量的占比数据。为此店面要设定一个安全的比例作为参考。

离职率高的店面，应当在人员的选、用、育、留这几个环节进行反思，找出能够提升和改善的地方，提前管控离职风险。当然，作为弥补措施，店面对待员工离职，要有规范化的交接手续，减少因为离职带来各种不利的后果。

上述罗列出来的内容基本上都是店面在日常经营中需要重视的关键数据。精细化店面管理的核心就是用细化的数据来指导重点工作的开展，因为细化数据能将店面经营的实际状态完整且客观地展现出来。

店面在日常运营中应有意识地强调数据化管理，逐项制订各项数据的提升目标，全员群策群力找到具体措施，积极地行动，将这样的工作方式养成习惯。针对员工的工作表现，管理者也要借用数据工具，与各位员工一起检验工作质量，对比、分析他们全方位的综合情况，从而提供针对性的培训和指导。

　　数据化能充分量化具体的工作内容，也能收获到最为客观真实的信息，避免人为主观评判。无论在什么情形下，对经营过程的管理，对未来的判断，都应当以数据事实为基础。

第二章
业绩增长的十类关键措施

店面的展示效果再好,倘若没有业绩,其作用就等于零。本章的全部内容,充分聚焦于业绩达成这一核心,梳理的十大关键措施,都是注重可复制和可落地执行的干货方法。

第一个关键措施
科学立体地分解年度指标

一、年度指标分解到月度

为确保年度指标分解得科学、务实，首先，要客观分析市场现状，横向比较往年的月度销售数据。如果往年月度数据忽高忽低，有较大的波动，这并不是一个好的信号。年终数据总结时，店面管理者只关注整体业绩完成情况，忽视月度表现，不总结过程是不可取的。

其次，需要结合店面的销售气质，这与团队人员的能力和自信心相关。多年实战中，笔者负责过多家不同类型的店面，发现每个店面都有相应的销售特质，而销售特质也决定了它的月度销售表现。精细化零售也强调对店面销售气质的培养，为店面设定阶梯化的月度销售目标。

例如，某店面月度销售目标是100万，一旦达成，就应及时总结具体的原因，并将完成措施复制到次月使用；如果能继续达成，这对店面员工来说，就产生了积极的心理暗示，大家完全有能力实现100万的目标。这家店面逐渐就具备了与100万业绩吻合的销售气质，当100万业绩平稳保持一段时间后，接着设定新的提升目标，最终达到一个期望的理想状态。由此可见，将年度指标分解到月度的过程，并不是凭空想象的，而应有具体的数据及措施的支撑。

二、年度指标分解到个人、小组、部门

1. 分解到个人

管理者应整理销售顾问入职以来所有的年度业绩数据，分析发展趋势，为他

们制订出业绩提升目标，引导和奖励他们去不断进步。管理者时刻给予员工关注，暗示他们在年度提升目标的背后，自己会与他们并肩作战，帮扶他们一起实现目标。销售顾问一旦实现了这样的目标后，能增强自己的自信心，整个团队的战斗力也会得到提升。

2. 分解到小组

在销售团队内部组建竞争小组，营造出"比、学、赶、超"的氛围，而小组内部也能实现员工间的互帮互助。一位合格的小组组长除了承担自身的销售指标外，也要承担小组的业绩指标。

组长的角色，是员工实现职业生涯发展的一条道路，帮扶组员和管理小组的工作经历能够帮助他们更好地适应未来岗位的需求。指标分解到小组，让每位管理者也与小组的业绩挂钩，这样做，无疑会让管理者真正地做到躬身入局，更好地服务于销售顾问。

3. 分解到部门

全员营销不能流于形式，仅是一个口号，而是要在日常工作中有切实的努力。每个部门都与业绩指标挂钩，分解给市场部的是渠道订单的销售占比，分解给设计部的是设计师参与销售订单的占比，分解给客服部的是老客户复购和转介绍销售的占比，分解给人事部的是销售顾问每月的业绩提升金额或是同期比的提升比例。

因此，分解给部门的指标，不一定是绝对值，也可以是环比数据。

三、年度指标分解到客户来源渠道

客户来源渠道，不外乎自然进店、广告宣传、线上媒体、异业合作、设计师推荐、楼盘营销、样板间营销、电话营销、老客户转介绍等。将全年指标分解到这些渠道，是规划全年营销的动作之一。

店面为达成指标，具体的措施不能凭空想象，而要有一定的客观基础做支撑，分解客户来源渠道就是为了有效地梳理销售计划。根据市场变化，对各种来源渠道的业绩占比做出合理的预测和规划后，由此就能设计出店面内部的组织架构，确定具体编制，明确岗位职责，这样才能让大家理清营销的主要方向，每个人都能确保聚焦于最核心的工作上。

四、年度指标分解到产品类别

为产品类别分解目标，是对店面综合经营水平的考验，只有建立了目标，才能规划出具体的行动措施。

店面除了销售自有产品以外，也要依据长尾消费的特点来销售其他类别的产品。就家具店面而言，长尾产品有饰品、灯具、床垫、窗帘、墙纸等等。店面不要奢望这些产品能产生多少利润，配套销售的主要目的还是为客户提供一站式置家服务，以及规避潜在的丢单风险。

销售顾问是不能完全放弃这些产品业务的，在每个月的业绩指导表内，就应有销售长尾产品的数据统计。这些产品的销售业绩，除了能作为全年业绩的增量，还能反映出店面的整体竞争力。因为长尾产品不是想卖就能卖掉的，必然要有店面的充分重视，比如针对长尾产品进行有效展示和培训，以及激励销售顾问引导客户去消费长尾产品。

长尾产品除了家具周边产品以外，店面还可以根据自身的资源情况，选择一些无售后担忧的产品，或是可销售的服务，毕竟未来通过服务增强老客户的黏性是必然趋势。

规划长尾产品时，需要谨慎评估，因为所选择的产品极有可能是异业正在经营的，为此，极有可能会让店面失去这些合作伙伴。

五、年度指标分解到产品系列

店面在分解年度指标时，必须对所销售的产品系列有着清晰的预判，许多店面业绩不好的原因，最重要的一点就是产品没能跟上市场的流行趋势。

每个系列的产品都有相应的生命周期，以往销售得好，并不意味着未来还会如此。店面应建立起各个产品系列的销售曲线图，从中总结出销售趋势，再观察总结出同一商场内或附近商区类似风格的产品销售趋势。

因此，分解年度指标时，不能凭着感觉，先前一定要有分析产品的过程，从而提升预判能力，这样做的好处有哪些呢？

① 更新和完善店面出样产品的组合结构。
② 帮助店面寻找匹配的客户。
③ 促使工厂更新产品系列。

当下定制产品发展迅速，店面尤其要侧重提升定制类产品的销售占比。管理者给定制产品划分具体的销售指标，也是向销售团队表现出销售定制产品的决心，大家自然就会主动学习定制产品的知识和销售技巧。

六、年度指标分解到目标楼盘

家具店面的业绩与城市房地产的发展息息相关，尤其受年度交房数量的影响更大。将指标分解到目标楼盘，意味着店面对即将交付的楼盘要有清晰的认知，包括楼盘的具体交付时间、户数以及户型面积等等。

年度指标分解到楼盘时，无疑要参考目标楼盘户型和业主的购买力，这样就能帮助店面选择最适合目标楼盘的产品系列。店面应预判哪些系列将成为主力产品，随之针对这些产品系列，着重完善它们的展示效果。

有了楼盘业绩目标，管理者就能审视店面现有资源是否与之匹配，因此这也是梳理全年目标楼盘的一个过程，促使所有员工积极关注和收集目标楼盘的信息，并及时反馈给店面，增强全员营销意识。

最为苦恼的是，店面对城市楼盘不做深度调研，只知道埋头苦干，从而失去了竞争力。

七、年度指标分解到活动场次

通常的销售过程是活动蓄客—持续的跟踪维护—最终通过活动签单。店面开展的任何一场活动都是为了给销售顾问提供一个联系客户的完美契机。店面没有活动时，就要做得比别人好；有活动时，更要比别人做得好。只有规划好店面的活动节奏，才能对年度指标做到有期望、有措施、有行动。

不能将所有的鸡蛋放在一个篮筐里。有些店面，一年仅靠一两场活动就能完成全年业绩指标的70%，虽然成绩喜人，执行活动的能力也值得肯定，但反过来，也说明店面还有很大的提升空间。活动最好能变成锦上添花的行为，每个月、每个季度都应该有应季的花朵盛开出来。

以上是年度指标的分解方法，虽然有点烦琐，但根据分解数据做出来的表格，就是一本年度工作的指导手册，它能指导店面开展全年的销售管理和渠道管理工作，同时也承担着监督销售过程的角色。店面管理者只需时刻拿着这份表格，就可以轻松地对照各项经营数据，检查各个经营环节的优劣势，从而及时做出调整和改善。

这样的指标分解，对于财务而言，也是年度经营预算的依据，各项费用可以参照细化指标来开展预算工作，之后再根据实际发生，进行针对性的调整，从而能更好地管控住不合理费用的产生。

第二个关键措施
设定变动费用标准

科学分解年度指标，是科学预算费用的基础。细化的指标能够指导店面规划好各项变动费用的支出标准，而变动费用的支出标准有助于店面合理管控费用，帮助店面建立起费用的审批制度和预警机制。

实战中，店面会有许多的变动费用项，下文则抓取一些重点费用进行细化。

一、营销费用

店面想要提前获客，营销投入必不可少。营销费用的具体取值标准，建议参照全年的业绩指标，同时结合品牌或店面在当地的影响力以及店面拓展渠道能力来设定。

对于店面而言，细分出来的营销费用基本上对应着客户的来源渠道，比如广告宣传费用、线上营销费用、楼盘营销费用、活动费用、老客户维护费用等等。一般来说，店面越多，开的时间越久，营销费用的成本也会逐步减少。

店面拓展渠道，如果侧重于楼盘深耕，那就应当结合楼盘的合作政策来确定营销费用，相应的，其他费用的比例可以减少。

唯一不建议缩减的是维护老客户的费用，要将它放入营销费用里一并考虑，这是基于通过老客户可以获得更多的转介绍。大家都在抢占老客户资源的情况下，不能忽视向老客户提供更多的维护服务，比如生日礼物、各种礼金券等等。因此而产生的费用都应当列进营销费用中。

当各项营销费用都有一定的使用比例，那对于后期的实际支出，就可以用投入产出比来衡量和管控了。

二、销售提点费用

这个费用关乎店面销售顾问的工作状态，甚至关乎他们的离职率。合理的销售提点可以刺激大家努力工作，不合理的提点，过低有可能导致员工离职，店面因此会流失他们手中的新、老客户资源；过高的情形一般不会出现，只不过有些店面会临时提高提点标准，这需要慎重，不能因为要完成阶段性目标而大幅度提高销售提点，否则会让销售顾问滋生出一些不良习惯，从而给后期的管理带来不稳定的隐患。

对于销售提点的设定，比较好的方法是根据个人年度销售指标，结合增长率而设定出对应的提点升级比例。这种方法不属于临时政策，有着统一的标准，能激励销售顾问从一开始就努力冲击最高的目标。

三、服务费

随着客户来源渠道的增多，服务费的支出对象也越来越广，比如设计师、异业、楼盘工作人员，甚至是老客户。只要能为店面带来新客户或业绩，服务费是约定俗成的回馈方式。

市场竞争日益激烈，服务费的具体比例也发生了较大的变化，究竟采用多高的比例需要仔细调研。笔者在实战中的经验是自身先要了解行情，再结合品牌和店面的影响力，以及分解给渠道的业绩指标来设定合理的比例区间，避免随大流而失去自我，但也不能失去竞争力。

因为市场不一，各个店面也都有自身所擅长和侧重的渠道，本书只能给出一些具体的方法，比如在服务费区间内，根据单张订单金额、订单折扣、累计带单金额，以及对方的配合和支持程度，上下调整这个比例。

四、仓储配送费用

从字面上理解，该费用里包含着仓库费用和配送费用。虽说也是变动费用，但相比较上述3个费用而言，该费用更趋于固定。即便如此，站在精细化管理的角度，店面也不可忽视对其的管理。

1. 仓库费用

这项费用主要是仓库的租赁费用。低租金的仓库，存储条件可能会差点，安全隐患也偏多，所以并不建议完全从租金角度去考虑仓库。

管控仓库费用主要是要规划合理的存储面积，让仓库能充分使用，避免浪费空间。实战中的经验教训是，仓库不管面积多大，总能摆满产品，所以仓库不在于面积大小，而是能否规范使用。因此仓库6S管理（标准化管理）势在必行，产品摆放应该有着更高的标准。为管控好仓储费用的支出，店面需要加强对产品进出库的日常管理，以及不断提高产品的周转率。

2. 配送费用

这项费用主要分为车辆使用费和人员劳务费。

车辆使用费的支出有两个参考依据：一是按送货金额区分的大型货车和小型货车的使用频次和收费标准；二是按送货距离区分的长短途用车费用标准。这样的区分，就是为了合理地安排车辆。

人员劳务费则是指店面送货员工的薪资，或是送货时外聘劳务工人所产生的费用，一般可按"天"或"次"来核算。

管理配送费用主要在于送货计划的安排，每次都能科学规划送货路线，控制好车辆的使用效率，更在于尽量减少同一客户的重复送货次数。

因为有了费用的使用标准，所以在每月的费用分析中，就有了对照的参数。本着精细化管理的要求，支出费用时自然需要罗列出送货详情，比如送货产品和金额、送货路线、工作人员数量，以及该客户的送货次数，这样才有助于从中找到待改善的地方。

第三个关键措施
确定年度活动计划

工厂在每年年末会向全国店面发布次年的活动计划安排表，店面获悉后就能根据自身实际情况来配合工厂开展活动。这样，店面的年度计划能与工厂保持节奏上的一致，向客户发出的促销信息也能基本保持一致。

店面年度活动计划的内容主要包含以下3个方面：

一、制订年度活动主题计划和具体周期

年度活动可以分为几种形式：沙龙主题的活动，如生活方式品鉴沙龙、设计

师异业沙龙、老客户感恩沙龙；以店面为主题的活动，如店面换季、重装升级、开业酬宾等；以楼盘营销为主题的活动，如软装解析、一站式置家；以产品为主题的活动，如新品品鉴、软装盛宴、清样特购；以爆破为主题的活动，如签售会、团购节、线上狂欢节、工厂之旅。

活动周期通常设置在元旦、春节、情人节、三八妇女节、3·15消费者权益日、世界睡眠日、母亲节、五一劳动节、5·20幸福节、儿童节、端午节、父亲节、线上6·18、暑期特惠、夏日夜宴、中秋节、国庆节、双11、感恩节、圣诞节。

每次活动应根据不同周期内的客户消费特点，结合上述的活动主题来进行设计并组合使用，从而能够明确活动的目的，确保活动产生延续性效果。

二、细化单场活动内容及形式

设计单场活动的内容时，要考虑到它的目的并且要确保能够有延续性，使得各个单场活动之间能够有效地衔接。为了更好地说明活动年度规划的作用，下面笔者通过一场符号化的活动来详细阐述其中的细节。

案例　5·20幸福成家季

❶ 活动方向：针对细分性别和年龄段的客户群体，开展明确性的营销活动。

❷ 活动目的：考虑到老客户为子女选择新房家具的需求，与符合年龄段的老客户进行联系，吸引他们进店购买；影响已进店且有购买决定权的女性客户，在活动期间成交；通过5·20活动的促销产品锁定不急于购买的客户。将"5·20幸福成家季"的活动演变成品牌或店面的年度符号化活动，通过活动增加品牌及店面在老客户圈层里的呈现机会。

❸ 活动形式：店面设立幸福基金，给予老客户一定的回馈。充分利用活动符号，通过合作渠道不断地向外交部进行宣传，多方面获客，引导客户参加以"幸福成家"为主题的线上活动，并在黄金时间段举办大促性质的落地活动，实现成交。

三、参照和预判竞争对手的活动

与竞争对手争抢订单，赢下来的通常是掌握着主动权的一方。主动权除了体现在精心设计的接待环节里，也体现在促销活动中。

如果在争抢阶段，释放给客户的信息不够及时或是活动不够优化，在双方态势基本对等的情况下，仍有输掉的可能性。因此，店面应当认真研究竞争对手习惯组织的活动内容，在此基础上，制订出差异化策略。

差异化策略可以从多个维度来设计，比如优于对方的老客户服务力度，快于对方的节奏来锁定客户，提前找到合适的异业伙伴，针对楼盘先一步进行深挖，等等。当然，优惠力度仍是最重要的因素，应了解竞争对手大致的活动优惠力度，以及组合优惠的具体方式。当自身处在重要的活动周期时，就要紧紧地维护好店面的意向客户。在对手火力最密集的时刻，更不能放松警惕，而是要高度重视，制订出针对性的活动方案，解决竞争客户的所有异议。

总体而言，每场活动并不是孤立存在的，通过年度活动的计划，可以帮助店面提前设计好各个活动的细节，尽量实现前后活动的完美衔接。

第四个关键措施
使用表格管理工具

将纷繁复杂的店面工作分门别类，会让管理者的思想更清晰，更具有条理性，从而避免因无序工作而造成时间和费用的各种浪费。在同系列另一本书《精细化零售·实战营销》中，有一个讲述实战表格的章节，分别从业绩、经营管控、新客户、待成交客户、成交客户、销售产品的结构、老客户、客户回访、库存、人事等10个方面，着重介绍了34张重要的表格，并详细阐述了每张表格的使用价值和使用方法。

使用的表格不在于多，而在于能否真正地使用，其实笔者也不赞同在实战中使用过多的表格，不能为了管理而增加员工的工作量，因此大家可以根据自身的实际经营情况设计和使用表格，先易后难，逐步深化使用。

表格陈述的是店面经营中的真实信息，而结果的好坏早在过程就已经注定，表格对于管理者而言，只是一种管控过程的工具。

一、使用表格工具的基本要求

精细化店面管理中需要常常审视表格的合理性，思考能否在不增加员工更多工作量的基础上进行优化。作为店面使用的任何表格，更不能杂乱和片面，因此管理者要重视这3点：

❶ 思考具体表格的使用价值是什么，它的数据能不能通过其他表格统计和分析得出？

❷ 检查表格内容的高度，不能将毫无创新或是存在瑕疵的表格轻易地发给团队使用，这样做，除了增加团队的工作量，也会拉低他们的工作效率。

❸ 表格内的数据也有隐私的要求，根据数据的私密性程度再确定如何收集，以及表格在店面内部可以分享的层级。实战中，数据管理不严谨的店面，常常将一些隐私信息在内部分享，从而导致信息外流。

二、统筹表格需求

涉及跨部门信息收集的表格，不能任由部门随意发放。实战中，笔者经常会遇到两个不同的部门先后要求第3个部门填写类似信息的表格。从内部管理的角度来说，这种情况的发生源于部门之间缺少衔接和沟通。即使电脑能自动生成大部分管理者想要的数据汇总表格，但终究还需要员工对其处理和分析，这就会产生一定的工作量，如果一味地要求其他部门的配合，只是在增加无效的工作量，反而让员工对公司的管理产生困惑。

三、做好表格规范化

① 采用标准形式的表格编号、名称规范及表体格式，这能体现出精细化管理的要求，也方便分类管理。

② 每张表格都应有相应的使用说明，如解释表格内的一些关键文字，让所有使用的员工能够快速地了解填写要求，避免歧义。

③ 规定好收集表格的时间要求，如以周、月、年为单位。

四、列出表格清单目录

店面在发展期，面对大量的工作需要规范化、标准化时，希望能变杂乱为有序，所以会设计出大量的表格。它们的内容基本都围绕着各部门的日常工作，因此需要对这些表格进行分门别类的管理，同时为了方便员工清晰地查找和使用，应当列出全部表格的清单目录作为索引。

五、充分使用表格

如果只是简单的汇总信息，表格的价值就不大。管理者只有对照着各种表格进行多维度的对比、分析、总结和探讨，将自身对表格的洞察力转化为实际的行动，才能真正发挥表格的作用。

店面必须建立起分析和使用表格的制度，店面在各种会议和决策中，都应当把表格当作重要的工具，尊重表格内的客观事实，找出差距，探讨出提升方法。

对于表格工具，要始终坚信一点，适合自己的才是最好的。在具体的使用上，还应当讲究快速的分析和行动，要不然，就是形式主义，就是浪费。

第五个关键措施
建立高效率的组织

店面不管大小，必然会有组织，不同组织所产生的能量也是不一样的，这与店面业绩息息相关。好的组织，战斗力都强，差的组织就与之相反。有些组织满足不了店面的需求，问题在于组织规划之初就没能结合后期的发展目标和行业发展趋势，当然这并不会造成太大的影响，毕竟组织本身就是随着店面发展而不断调整和优化的。

一个良好的组织，应当明确内部各成员间的工作关系，明确员工的岗位定位、聚焦的工作职责，明晰赋予员工的权力，这样自然就会减少工作中推诿和踢皮球的情形。在设计组织时要避免臃肿，规避岗位职责上的重叠，否则会导致信息滞缓、管理时效性差、决策效率低下，从而使得整个组织适应市场的能力严重落后，逐渐失去了发展的动力。

组织的关键在于一切都应该以业务为导向，高效的组织架构，各个岗位的职责完全聚焦，这样才能通过具体可实施的绩效考核来管理。目前，零售店面势必要推行全员营销策略，所以在这个中心思想的指引下，无论店面的何种岗位，每一项工作内容都要与业绩指标挂钩，让每位员工都有关注店面经营过程的意识。这样，店面的一举一动、每一位潜在客户和每一张订单都会牵动所有员工的内心。

一、搭建高效的组织架构

一般来说，组织架构一般有扁平式和金字塔式两种形式，作为零售店面而言，这两种架构形式完全可以满足组织架构的搭建。

1. 扁平式的组织架构

这种架构中管理者与被管理者的界限变得不再清晰，权力分层和等级差别的弱化，使员工个人或部门在一定程度上有了相对自由的空间，能有效地解决内部沟通的问题。这种架构的组织对员工的要求高，员工要有充分的知识结构和经验的积累，能进行自我判断和问题分析，因为这个组织可以较好地适应市场的变化，它必然不会是机械而僵化的。

简化版的扁平式组织更适合发展前中期的店面。因为处于发展前期的店面，出于对成本的考虑，必然不会招聘很多的员工，更谈不上搭建组织架构。这种店面既要求员工术业有专攻，又要一岗多能，在仅有的几个人当中，采用扁平化组织架构可以进行合理的分工。

2. 金字塔式的组织架构

在这种架构中等级明显，采取的是逐层分级的管理，较为传统。它的特点是机构简单、权责分明、组织稳定，并且决策迅速、命令统一。然而在市场经济条件下，信息技术发达的今天，金字塔式的组织结构由于缺乏组织弹性和民主意识，过于依赖高层决策，往往因高层对外部环境的变化反应缓慢，从而凸显出刻板生硬、不懂得应变的弊端。

店面发展后期，一般就开始着手设计组织架构，成立各个二线部门，比如人事行政、客户服务、市场推广、物流配送等部门，当然这也是循序渐进来实现的。二线部门的重要性丝毫不亚于一线销售部门，倘若不想被市场淘汰，店面就有必要尽早储备相应的人才，让他们越早进入组织角色的状态，就越早能为店面带来价值。

二、聚焦关键职责

岗位职责强调聚焦关键点，避免职责的不清晰、没有重点。所有员工的岗位工作均须以达成业绩为目的，与业绩毫无关系的工作内容应当减少。精细化管理中，更强调要避免安排员工做非岗位职责范畴内的临时工作，而应让其对业绩达成保持充分的聚焦。

下面笔者以店面客服部门为例，阐述聚焦关键职责的重要性。

客服是品牌、店面与客户之间的桥梁，如何规划它的关键职责呢？狭义的客服工作是指处理客户投诉，解决客户异议，但客服岗位的重要意义远不仅于此。深挖老客户的价值是所有店面都在关注的营销途径，广义的客服工作应该包括营销老客户。

客服作为一个第三方，能让老客户感觉到除了销售顾问在为他服务以外，还有一个专门的客服在为他提供后续服务。这样做，客户能安心，店面也能避免因为销售顾问的离职而导致客户流失。

高效的客服只分配出工作时间的20%，甚至是更少的时间，用来处理和解决客户的异议，其余的时间则完全聚焦到客户关系的维护，以及有利于店面业绩的事务中。比如客服关键的工作是挖掘联系老客户的方法，优化维护服务内容，策划易于获取老客户口碑的活动，引导老客户不断进店和转介绍。让客户变成品牌和店面的粉丝，是客服致力达成的方向！

所有二线部门都与店面业绩有关联，应各自发挥出部门特长，不管工作内容如何，都时刻聚焦在销售业绩上。二线部门所承担的事务看似简单，其实并不轻松，正因为职责单一，责任才更大。当所有员工的工作都聚焦于重点，且都能做到极致，店面自然就能收获到好的业绩。

三、建立有竞争力的薪酬制度

有竞争力的薪酬制度是吸引、激励、发展和留住人才的工具。店面应结合自身的效益和支付能力、外部的行情和竞争形势来设计薪酬制度。

总体而言，店面的薪酬制度要贯彻统一尺度并能灵活运用，通常有3个原则：

❶ 不能简单地以学历、职称、资历、资格、工龄长短论，而应以岗位系数和业绩确定薪酬，坚持按劳分配，兼顾公平。

❷ 坚持考核和竞争上岗、易岗易薪，应定期对员工在岗期间的表现和业绩

进行全面考核，增减薪资。

❸ 考虑到市场竞争力的同时，须确保总体薪酬与店面业绩目标的比例相协调。

四、有效的绩效管理

绩效管理在任何时候都要秉承着客观、公正、公平的原则，最大化地采取单头考核方式，确保绩效结果透明，并结合奖惩制度严格执行。

绩效考核方法有很多，如KPI、BSC、目标管理法等等。店面不应简单公式化套用，而要结合实际情况灵活运用。有些绩效管理往往会存在误区，比如考核定位模糊、方案偏差较大、绩效指标缺乏科学性、考核周期设置不合理、绩效考核与其后的工作环节衔接不好，这些误区只会对店面的管理工作产生阻碍，毕竟不能为了考核而考核。

考核的关键是确定具体且可努力实现的量化指标，控制好指标数量及每一项的权重比例，坚持采取良性的绩效管理方法来刺激员工积极工作。比如店长的绩效管理，其核心思路是聚焦于业绩达成过程的管理，以及持续实现业绩增长，确保完成全年指标；保持良性的库存结构，重视送货周转率，有效提升资金的使用效率；确保店面员工的能力均衡发展，彼此之间能产生合力；把控店面的费用支出，确保利润达标。

第六个关键措施
健全编制

人员长期稳定的店面有利也有弊。有利的是店面员工都清楚了解自身的职责，大家各司其职，按部就班地工作。不利的是员工自我提升的意识会逐渐淡化,大家面对熟悉的常态化工作,思维相对比较固化,缺乏创新。不断有新员工加入店面,虽然会有一段时间的培养过程,但新员工能起到鲶鱼作用,带给老员工一定的危机感,这样可以确保团队时刻处于竞争的氛围之中。

实际经营过程中,人员流失不可避免,店面会存在缺岗的现象,因此健全编制、全岗满编就至关重要。健全编制时,要结合以下几个要素。

一、平衡一线与二线员工的比例

与利润息息相关的自然是业绩,还有人均产能。上文也提到将全年指标分解到人员,就是希望店面业绩能与每位员工挂钩,大家都有各自的产能指标。

想要提高人均产能,就应合理控制员工的数量,从而控制住利润。通常来说店面的人均产能有两个计算口径:一是所有销售顾问的人均产能,二是全员的人均产能。两者的区别显而易见,比较两个数值,为店面规划一线员工和二线员工的比例时提供依据。

实战中,有些店面会反馈出管理成本过高导致利润下降的问题,其中就有二线部门员工占比过高的原因,导致薪资支出的占比过高。

一二线员工的具体比例也并非绝对的一成不变,对于规范化经营要求比较高的店面,不能为了提高利润一味降低二线员工的数量占比,要知道所有二线员工都是为一线员工服务的。一味缩减二线人员编制也会导致新的问题,比如因为缺少专业的客服人员,势必会导致客户的满意度下降,店面与客户的黏性减弱,老客户转介绍率也会走低。

二、分析工作量

店面为每个岗位制订出具体且清晰的岗位职责后,并不能放任不顾,而应当量化统计所有岗位每天具体的工作量,并以日、周、月、季、年为单位来统计,根据具体工作内容的发生频率,分析出工作量的大小。

工作量分析能为店面的人员编制提供科学的依据,平衡店面的劳动力成本,帮助合理安排员工从事更具价值的工作内容，这并不是意味着让员工去做更多的工作，而是为他们自身发展做切实的规划，因为具备综合能力的员工更能受到店面和市场的青睐。

对具体工作量进行分析后，可以考虑能否实现一岗多能的模式，也即管理学中提到的"234法则"，即2个人拿3个人的薪资做4个人的工作。但需要注意，若采取这种模式，要避免因小失大，造成员工的误解。

三、确定销售岗位的编制

零售店面里，销售岗位尤为重要，在设置编制时，业绩和客流情况是必须考虑的因素。客流多，编制少，会出现客户无人接待的状况；客流少，编制多，又会造成销售顾问的工作不饱和，时间久了，店面内部就会滋生出消极氛围，大到员工对收入不满，小到对站位接待安排不满，大家的订单纠纷也会增多，因为客户资源短缺，所以每个人对订单就会锱铢必较。

一家店面究竟该如何确定在岗人员和编制之间的关系呢？销售岗位的实际在岗人数，建议采取N+1或N+2的形式，即在原有编制的基础上适当增加1~2个人。这样安排，能避免销售顾问离职时的人员不足。另外，对于所有销售顾问也起到警示的作用。在岗人员数量超编，意味着会真正实行末位淘汰制，因此每个人都不甘心做最后一名，内部产生良性竞争，这才是较好的工作氛围。

四、合理补编

补编的核心就是及时招聘，并且招聘到合适的人员。每个岗位上都有标准的编制数量，店面也希望岗位随时都是满编状态。然而事与愿违，因为员工离职或是招聘不到合适的员工，缺编的情形大量存在。

实战中，笔者非常重视补编工作，把补编效率作为考核人事部门绩效的一项重要指标。对于缺编的岗位，根据不同性质的岗位设定不同的补编期限，这是为了确保招聘效率。因此，人事部门和缺编部门，双方都会积极配合，共同担负起招聘职责。

补编时，除了要追求高效，也要考虑现有团队成员的性别比例、性格和能力的差异，利用补编的机会，做好人员调整。这部分内容涉及具体的选人，在本书人员管理的章节里有详细阐述。

第七个关键措施
作战规划

家具零售与房地产行业息息相关，楼盘交易量对家具销售有着较大的影响，大部分情况下，店面业绩会随着楼盘交付时间点的变化而呈现出明显的波动，所以，深挖楼盘可以赢过竞争对手。

在《精细化零售·实战营销》中，笔者就用了一个章节来讲述深耕楼盘的方法，以下主要从店面整体经营的角度出发，从3个方面着重强调目标楼盘的作战规划。

一、楼盘作战地图

楼盘作战地图不可避免地要被挂在店面作战室，每天提醒管理者观察楼盘动态，总结楼盘营销战场上的得失情况，指导店面及时地调整战术。

一般的作战地图，上面会标示各种基础信息，然而这类信息过于简单，完全可以通过专业网站收集。专业的作战地图，则会标识出一切有利于营销的信息，具体可参考下表。

楼盘作战地图信息		
序号	内容	意义
1	楼盘的重要系数	它跟楼盘的费用投入及竞争程度相关
2	楼盘与店面的距离	分析店面的辐射能力，一旦辐射不够，就去寻找楼盘周边的联盟成员或人脉资源。楼盘周边的设计公司、合作伙伴的店面等信息应被一并标示在作战地图上，重点维护好与他们的关系，大家一起营销
3	楼盘的盟友	竞争对手已布置的样板间、已组织的活动等信息，应被标示在作战地图上，时刻警醒自己加快深耕的节奏
4	店面老客户资源	针对分期交付的楼盘，搜索老客户信息表，从中寻找已入住的老客户，将老客户信息标示在作战地图上，想办法去维护，争取他们的协助
5	楼盘的实时战况	每天更新进店、待成交和成交业主的数量信息

二、目标楼盘的情报分析

这是对所有目标楼盘信息的一次完整的梳理，与作战地图相比较，楼盘作战情报表的作用更为直观，涵盖的内容也更为精细。

1. 楼盘主次分类

根据业主的年龄段、购买力、消费习惯，判断楼盘与自家产品匹配度，区分重点与非重点楼盘，或是按照重要系数区分成A、B、C3类，并标示出不同颜色。这种分类有助于店面确定合理的收益期望值，从而匹配对等的人力和财力投入，让战术得以充分聚焦。

重点楼盘通常都呈现白热化的竞争状态，对于这些重点楼盘，店面需要迅速行动，速度越快效果就越好。

2. 深挖信息的利用价值

表格需要得到充分的利用，当作战情报表里的信息被归置在一起时，就要深挖信息背后的利用价值。比如地产和物业公司的信息，许多知名地产公司会与当地有实力的公司合作开发楼盘，因此，整理楼盘开发商信息不要含糊不清。实战中，总

楼盘作战情报表

序号	楼盘名称	A/B/C分类	地址	区域	建筑类型	装修状况	均价元	总户数户	开盘时间	户型（含户型图）	样板间风格（含照片）	主要购买群体	交付时间	交付楼栋号	交付套数套	开发商	物业公司	是否曾有合作

有资源能对接上当地的合作公司，因此，与楼盘的官方合作并没有想象中那么困难。

楼盘的管理也类似，楼盘物业并不完全与开发商同在一个体系，地产也会选择跟当地成熟的物业进行合作。许多城市就有民间组织的物业协会，因此楼盘作战时，在物业信息背后也有突破路径。

楼盘营销的时间节点，较为可控的是开盘时间和交付时间。如若是交付时间，收集的情报信息要细化到交付的楼栋号、小区内的楼栋位置、具体的户型面积、样板间风格等，收集到这些信息后，店面组织员工进行针对性培训，提炼出接待这些业主的必备话术。

三、具体楼盘的作战战术

以作战情报表为指引，深度分析和研究了既有信息后，就需要针对具体楼盘逐一安排战术，并跟踪实施战术的全过程。

1. 借力可利用的资源

店面别奢望能深挖所有的楼盘，这并不现实。不同的楼盘，拥有的可利用资源也不一样，因此店面在深挖楼盘的过程中，必须要学会借力于一切可利用资源。

可利用资源包括诸多方面，比如某设计公司在楼盘业主中的影响力、异业伙伴在某楼盘里已经开展的营销、楼盘的前期老客户、已进店的楼盘业主、楼盘合作的广告公司，以及能够获得业主信息的其他途径。

根据不一样的可利用资源，采用不同的深耕战术，大家一起合作或许就是最好的方法。实战中，笔者也曾多次深耕目标楼盘，起初觉得很困难，后来发现是自己把困难放大了，通过资源线索，最终都能找到突破口。

2. 找准作战节点

楼盘重要的作战节点有6个，依次是开盘日、销售期、工地开放日、业主见面会、交付期、交付后。每个节点，业主会随着接收推销信息频率的变化，戒备心理由弱变强。随着业主关注重点的变化，他们对产品需求的迫切性会由缓变

具体楼盘作战术表

序号	楼盘名称	交房情况	负责人	可借力资源	作战节点	战术方案：样板间、交付活动、业主活动、小区广告	获客目标：进店客户数量、目标进店数量、楼盘总户数	业绩目标：累计销售金额、目标销售金额/元	最新作战日期及战果备注	计划再次作战日期及战术

注：按未开盘、已开盘未交付、已开盘已交付分别标识不同的颜色。

急，因此，在不同的作战节点，店面采取的战术方案也应当有所区别。

3. 研究战术方案

不同战术方案的目标不一样，笔者在《精细化零售·实战营销》的深耕楼盘一章中着重介绍了多种战术方案，无非就是电话营销、样板间营销、组织或参加业主活动、开发小区广告、联合盟友进行营销、开发针对性的线上小程序、组织业主微信群活动……

4. 做好目标管理

对于每一个作战的楼盘，都要制订计划目标，精准聚焦于进店业主数量和业绩两个方面。具体来说，其一是进店业主数量，它最好与业主的目标进店数量或楼盘总业主数量进行比较，制订占比目标。其二是业绩目标金额，它要时刻与目标金额进行对比。换言之，它们就是衡量楼盘投入产出比的依据。

鉴于每个作战节点的产出处于动态变化之中，因此目标管理的动作应当是适时的。从作战中收获到的客户，需要尽快转化成成交客户，所以战术的关键是成交收尾。对作战楼盘采用目标管理的方法，能够帮助店面有效地监督和管控好成交过程。

5. 更新实时战况

应在表格中使用"编辑备注"的形式将最新日期的作战战果、再次作战日期及战术计划完整地记录下来，以便为后期维护该楼盘提供参考。

第八个关键措施
有效的培训

员工是影响店面业绩最为关键的因素之一，他们的工作能力直接关乎店面的竞争力。然而员工并非生而优秀，绝大多数的员工在日常工作中也仅仅发挥出了个人能力的30%~60%。通过培训，帮助员工挖掘自身潜力，提升知识结构和专业技能，从而让员工能有更好的发展。由此可见，培训是店面日常经营中的关键措施，它既能满足店面需求，也能满足员工个人职业生涯的发展需求。

一、员工培训的4个方向

1. 追求匹配度的职业资质培训

培训内容包括员工的专业形象与商务礼仪、高效的学习技巧、服从和执行的能力以及自我心态的管理能力。

2. 崇尚健康的职业道德培训

职业道德是员工在工作过程中养成的一种内在的、非强制性的约束机制，包含员工信念、以善恶进行评价的心理意识、行为原则及其表现出来的具体行为规范。

3. 以胜任为目标的职业技能培训

此项培训的目标非常明确，具体体现在工作岗位对专业技能的要求，包含科学的工作方法、高效的沟通技能、工作时间管理、人际关系处理、团队合作技能、客户服务技能，以及情绪控制和压力管理技能。

4. 以绩效为导向的职业意识培训

职业意识能促使员工清楚自己在店面扮演的具体角色，以及聚焦于主要目标的工作职责，比如围绕着成交的客户拓展、服务和维护客户的意识，与利润相关的折扣控制、经营成本管控的意识。

二、个性化培训

每位员工的能力和性格特点都不同，自身的发展阶段和最终发展规划也不同，因此店面更需要采取的是个性化培训。

所谓个性化培训，指的是在员工个人职业生涯发展规划的前提下，引导每位员工正确评估自己当前的技能、兴趣，探索提升自我的方向。管理者再结合店面的发展需求，尽量使员工的培训方向与店面的需求相吻合。

为此，店面应当与每位员工进行充分的讨论，为他们设立未来的目标，以及一套切实可行的个性化培训方案。通过个性化培训，明确员工努力的方向，从而能增强店面的凝聚力和向心力。员工因此就有了归属感，自然不会轻易选择离开，这是双赢的结果。

三、培训形式

1. 一对一培训

为了促使员工尽快成长，定期让他们单独接受优秀前辈的经验分享，是最有效果、最有激励作用的培训，最常见的形式是导师"老带新"帮扶和管理者躬身辅导。

❶ 导师帮扶：每家店面都有表现各异的员工，优秀员工是核心骨干，需要获得店面的肯定。管理者理应给其荣誉感，给予他们店面导师的身份，让他们成为其他员工的榜样。增加导师的帮扶意识，逐步培养导师勇于担当的思维，用实际行动来满足他们个人职业生涯发展的需要，保留住人才。

新员工通过导师的帮扶，能尽快地了解和认同公司，并迅速进入工作角色。通过导师在具体销售中给予的专业帮扶，从而避免潜在客户流失的隐患。

❷ 管理者躬身辅导：除导师帮扶外，店面本着全员营销的思想，应当发挥出团队中管理者的作用，最好的办法是以各种方式参与或支持一线的销售。

实战中，针对工作表现有待提升的员工，管理者躬身入局进行辅导。在规定的时间内,管理者辅导指定员工,关注他们的日常工作表现,以及与业绩相关的各种数据,帮助他们与其他部门进行沟通,及时解决影响业绩产出的各种困扰。

店面若想让躬身辅导的做法能被有效地执行,需要为此建立制度,并与管理者的绩效考核相挂钩,比如将管理者的一项考核指标设定为指定员工的业绩提升率。

2. 多人培训

❶ 日常集中培训:一对一培训毕竟是针对个人的,店面在实际经营中也会开展日常的集中培训。比如每次会议后,都要利用碎片化的时间,大家一起接受专业类的培训。

实战中,笔者就曾安排人事部门罗列出全月的晨会培训计划表,要求每位员工自行组织相关课件进行分享,这样员工彼此之间能够互相学习,对所有人来说都是一次锻炼的机会。

出于认真对待培训的目的,员工会从本职岗位出发,围绕着店面工作,梳理自身的知识结构并组织课件。店面应给予不断的鼓励,促使员工能更加自信,这将有利于他们在今后工作中的表现,也能潜移默化地影响他们对自身成长的思考。这种日常培训能够在全店范围内营造出学习的氛围,学习型店面是提升店面整体竞争力的基础。

❷ 外出培训:员工外出接受培训很有必要,毕竟外部的知识更能与时俱进。店面对外出培训的误区常常是为了培训而培训,对培训没有事先准备和事后总结。

员工在每次外出接受培训前,管理者要与之沟通,确保对方能理解培训内容对自身岗位的意义,明确要在培训过程中学到的知识点。培训结束后回到店面,受培训的员工要向他人分享经验,制订出将所学内容运用在具体工作中的计划。这样才能充分反馈出学习的成果,这个过程中,管理者要保持监督和跟踪。

四、培训工具

1. 培训签到表

每位员工的培训，都需要培训签到表作为见证，它能证明店面给予了员工负责任的培训，帮助其提升能力，以满足岗位要求。倘若经过培训后仍有不能胜任的员工，培训签到表就能成为协议离职的一份重要依据。

2. 培训记录表

它负责记录员工入职后的所有培训过程，包括所学课程和培训中的表现得分。这样既能透过记录表及时对员工的受训过程提出要求和建议，又能全面记录他们所有的学习和收获，这是店面发现人才的必要依据。

3. 培训效果跟踪

理论联系实际，只有将受训内容运用在工作中，才能让每次培训产生真正的价值。因此，针对每次培训的内容，店面应当要求受训员工在结束后，结合自身岗位，梳理出具体的提升计划，并在固定时间段进行自我检验，确保行动措施不落空，实现培训目的。

4. 培训资料

培训资料有电子版本和纸质版本，店面要尽量将纸质版本转化成电子版本，这样有助于存档保存，还能及时修改和完善。

不管是何种形式的资料，都要对其进行评估，从而检验新、老资料的价值和作用。有些店面并不会注意这样的细节，一些培训资料的内容明显滞后，既影响培训效果，也反映出店面疏于细节管理，且没有创新意识。

不管培训工作如何开展，终究还要迎合成年人的学习特点。员工习惯于结合以往的经验去学习，所以要引导他们的空杯心态。员工必须想学才能学好，并且只学习他们认为需要学的内容，强压式的培训往往得不到想要的结果。员工更喜欢在做的过程中学,因此店面要善于利用非正式环境中的培训机会,潜移默化地组织培训。

第九个关键措施
高效的会议管理

管理者最常做的工作之一是定期组织会议,然而,往往有些管理者却容易疏忽,店面对会议缺少安排,从不开会,或是会议开得很少。

从会议本身而言,如果质量不高,员工会觉得从会议中得不到有帮助的内容,还占用了工作时间,从而产生抵触情绪,导致参与会议的兴致不高。诸如此类问题,最终让店面的会议流于形式,因此高效的会议管理也是店面日常经营中的关键措施之一。

下文着重于店面会议的各种类型,并据此总结出高效召开会议的方法,让员工随时做好会议准备,并以求知的心态来参加,促使他们从会议中收获到提升工作能力的内容。

一、全员参与的会议

有些会议是需要店面在岗员工全员参与的,这种会议主要是每天的晨会和夕会,以及在有条件的情况下开展的店面全员的周销售例会,实在困难的也要坚持召开全员的半月销售例会。

1. 晨会

实战中,许多店面管理意识薄弱,没有召开晨会的习惯,人员迟到现象严重。即使有晨会,但是却没有干货内容,员工只是人参加,而大脑却不在现场,导致会议气氛凝重。笔者认为店面每天都应当坚持召开晨会，因为晨会召开得好，能帮助店面解决不少实际问题。

❶ 晨会是店面管理必用的有效手段，之所以这样说，是因为目前不少店面存在着各种沟通障碍，部门之间、员工之间正式交流的机会偏少。晨会就应当成为大家交流的纽带。只有在正式且常态化下的场景中，所有员工才能得到统一和真实的信息，大家在晨会中的承诺，都能得到全员的监督。晨会也是将个性问题升级成共性问题进行对待的一种方式，从而减少店面的管理成本。

❷ 晨会是店面工作时间的分水岭，通过晨会能把所有员工迅速带入正常的工作状态，所以它也是店面每天的一个符号化流程。

❸ 店面管理者通过晨会掌握所有员工当天内"重要或紧急"的事情，了解他们当天重点的工作计划和安排。虽然通过与员工的单独沟通也能掌握相关内容，但那样会给员工造成压力，而员工在晨会时描述工作内容，相对会轻松一些，所以晨会能尽量避免管理者与员工之间产生对立。

❹ 晨会是管理者通过自身去影响和指导员工工作的会议，利用晨会可以培养人才，提升团队的综合战斗力。在晨会严谨的背景下，管理者也会因为需要认真对待而增加对自身日常工作的思考，从而提升管理能力。

❺ 晨会能鼓舞员工士气，仪式感的晨会能为员工带来自信心，每个人都希望展现自己并被认可。晨会中，得到公开表扬的员工，必定能在这一天保持着良好的心情，工作效率也会提高，长此以往能增加员工的自信心，这对他们的成长很关键。

最应该避免的是把晨会变成一个互相指责和批评的场合，会议氛围日渐沉闷，了无生趣。因此，成功晨会的标志是氛围轻松愉快，所有员工都积极准时参加，且带着自己确切的工作计划，大家积极思考，为店面出谋划策。

2. 夕会

夕会的重要性不亚于晨会，晨会是展望，夕会则是总结。夕会是提升团队执行力的重要措施，因为它发挥着监督作用，能督促员工及时总结当天的工作表现，检查践行承诺的行为，因此夕会能体现出团队的担当。

❶ 员工自觉完成工作，是建立在有效的监督下的。员工在晨会中汇报的当天工作计划，在夕会时就要被检验，每位员工在夕会中的总结，就是一次自我反思的过程。

❷ 利用夕会学习，将员工之间的简单分享转化成互相学习，每个人对当天工作的完成情况都有最真实的感触。员工分享当天成交订单的跟踪过程，丢单的原因反思，所有员工各自发表想法，最后由管理者点评，给出指导意见。优秀的管理者能从这些分享中，提炼出最有价值的信息，从而在言语之间帮助大家拓宽思维，显然夕会也在考验着管理者的担当。

❸ 夕会能帮助店面及时获取高价值信息，管理者利用夕会检查当天进店客户的详细情况，从中挖掘出隐藏的可利用资源，这些内容只有在夕会中才能被大家及时反馈出来。如果没有夕会，高价值信息多少会滞后，极端情况下甚至会石沉大海。

❹ 夕会跟晨会不同，晨会以调动情绪为主，而夕会以认清当下为主。店面避免在晨会回顾业绩进展，而应通过夕会来总结所有员工从本月初至今的业绩计划和实际完成情况，记录员工承诺业绩的变化，同时在夕会上了解他们所面临的困惑和压力，并给予他们帮扶和指导。

❺ 通过夕会可以鼓舞团队精神，在夕会庆祝的环节中，简单融入仪式，比如管理者向当天完成工作最好的员工进行祝贺，以此来提升团队的奋斗精神。

3. 销售周例会

销售周例会是用来向所有员工持续强调业绩计划的会议。通过会议，确保大家都能了解到店面的经营业绩，促使大家在各自的本职岗位上更积极地工作，鼓励大家积极献策，为店面经营贡献出自己的智慧。

❶ 每次周例会之间都应有一定的联系，当周的会议就是用来回顾每个部门上一周承诺计划的完成情况，以及制订下一周的工作计划。

❷ 周例会属于正式交流，它是店面发布一切信息的官方渠道。

❸ 通过周例会可以开展企业文化培训，塑造员工正确的价值观，比如在例会中分享正能量的案例、组织有意义的团队游戏，丰富工作的同时，也能提升团

队凝聚力。

❹ 周例会也是员工展现自我风采的舞台，让员工作为内部培训师，在周例会中，向全员分享他们自己总结出来的知识，这也能锻炼员工的演讲表达能力。

二、部分员工参与的会议

1. 小组会议

如果店面销售团队采取了分组管理，那就应该规定由小组组长定期组织召开小组内部会议。把小组组长放在准管理者的位置上，就要充分发挥他们的作用。组长就是小团队里的领袖，小组成员更愿意把自己真实的情况和想法告诉他们，这样管理者也就能从组长的汇报中了解到大家的真实状态。

让组长真正担负起小组全员的业绩指标，即使这个压力明显不如全店压力那么重，但至少会促使组长能规划好自己每天的工作内容，并且有所侧重，比如他们在工作中主动给予小组成员更加具体、更加落地的实际帮助。

组长经过这种锻炼后，自身的思考能力和管理能力自然也会提升，对于店面而言，也就初步完成了人才梯队的建设。

2. 部门内部会议

部门内部会议，顾名思义是部门负责人召集部门员工召开的会议，也可以算作升级版的小组会议。因为它们的形式基本类似，只不过部门内部会议更强调聚焦本部门的工作重心，会议内容也紧紧围绕着本部门的岗位职责以及当月具体的考核指标展开。

在部门内部会议中，管理者可以通过表格工具设定好汇报的格式和具体内容，原则是要客观且真实，这样才能切实了解全部门的工作方向，以及部门员工的工作状态，及时给予指导。

部门会议是部门负责人传达店面经营信息的场合，应让每位部门员工及时掌握店面的经营动态，赋予他们使命感和责任感。为避免独断的情况出现，负责人应尽量让部门所有员工都参与到决策中来，大家都应当有机会提出自己的建议和想法。

实战中，笔者也曾创新过部门会议，要求某一部门在召开内部会议时，邀请其他部门的同事以旁观者的身份一同参加，不限岗位和层级。

3. 部门双向会议

两个部门之间每个月必须有固定的沟通会议，相互之间共享信息和衔接工作。比如销售部和市场部的双向会议，具体内容是销售部着重分析最近一段时间的进店客流及其来源渠道的数据、成交客户的各种信息，以及销售顾问在店面获取的可利用资源；市场部着重于分享客户拓展情况，总结营销活动的数据。

针对会议内容，双方沟通好各自下一阶段的工作目标，比如销售部制订出关于客户的留资率和转化率目标，市场部则订制出进店客流批次目标，然后双方探讨出切实可行的具体措施。

实际上，部门双向会议能帮助管理者监督各部门的工作质量，两个部门互相承诺，互相监督。

4. 部门管理者会议

毫无疑问，这是店面核心骨干的会议，决定了店面的整体经营决策。鉴于管理者有着自身的管理风格，因此会议要求也会不一样，笔者不赘述，只有几点建议，供大家参考。

❶ 部门管理者会议应当定期定时召开，会议内容要承上启下，跟踪上期会议纪要，对当期未完成的工作，在会议中要保持持续的跟踪。

❷ 会议汇报不管形式如何，内容都应尽量以数据为基础。

❸ 对于会议讨论的问题，与会者逐一分解观点是有必要的，彼此都要有刨根问底的态度。一旦在会议中在达成共识后，须及时做出决定。

❹ 邀请基层员工不定期地参加会议，让战斗在前线的员工参与到会议的讨论和决策中来。通过会议，基层员工也能了解到部门管理者正在思考的内容、正

在做着的工作，从而有助于店面减少小道消息的传播，避免员工的不解和误会。实战中，笔者在使用了这种方法后，部门管理者在会议中就不再会"编故事"了，这是基层员工发挥了监督作用。

三、会议细节

1. 会议制度

会议制度本身起到规范店面各个会议流程的作用，但为了能更高效地召开会议，会议制度中值得重视的是明确各个会议的参会人员和要解决的问题，在会议结束后，针对会议结果要有相应的跟踪，让会议成为监督工作的一种有效方法。

2. 会议准备

会议前主要是准备会议大纲，只有确切告知参会人员会议的重要意义，他们才愿意参加这些会议，并积极准备好发言内容。每位参会人员都清楚自己在会议中扮演的角色，因为没有人愿意浪费自己的时间。

3. 会议工具

会议组织者的管理风格不尽相同，这没有问题，因为完全可以通过会议工具实现高效会议。形式意义上的会议工具是紧扣会议主题的线索，会议中有明确的数据总结和目标计划数据的呈现工具。具体的会议工具就比如会议白板，利用白板召开会议，这样的方式给到参会人员的感觉是不一样的，因为白板呈现的内容更加直观，能凸显出会议组织者的关注内容，而且只有组织者关注的内容才会让参会者更加重视。

4. 会议纪要

务必采取统一格式记录会议内容，规范化的整理会让参会人员心生仪式感。

会议纪要也要及时地上传下达，实战中，笔者曾将部门管理者会议的纪要发送给全体员工，或者张贴在办公区域，让所有员工都能读到会议纪要，让整个管理团队接受全员的监督。

不管是何种类型的会议，也不论是哪些员工参加的会议，管理好会议的两个重点细节，就可以让会议变得更加吸引人。其一是大家都清楚了解会议的重点；其二是大家能从会议中汲取营养。随着员工与管理者之间形成了富有成效的伙伴关系，那么双方都会非常期待在一起交流的会议机会。

第十个关键措施
完善重点的销售制度

一、站位制度

实战中，比较严苛的站位案例发生在笔者管理过的某家店面，销售顾问被要求只能站在固定的两块地砖的区域内等待客户。显然这是一个非常严格且被具体化的站位标准，也只适用于客流量较少的独立店。如果是一家客流量偏大的商场店中店，这种标准就不符合实际情况。

这个标准肯定源于站位制度的要求，除此之外，站位制度最主要的作用还是要确保每位销售顾问能够获得公平接待客户的机会。因此为公平起见，站位制度就要规范销售顾问轮序站位的细节。

站位制度结合站位登记表这个工具，销售顾问之间能够相互监督，避免因为站位顺序导致争抢和挑选客户的情形发生。任何站位都应该留有记录，进店客流登记表则是将站位过程以及接待的客户信息清晰记录下来的又一个工具。

站位登记表

店面：		日期：	
早班员工（按到店时间排序）：		晚班员工（按到店时间排序）：	

不站位员工及原因：

站位起始/结束时间	销售顾问	进店/离店时间	客户姓名	楼盘	是否填单	未填单原因

进店客流登记表

初次进店客户

销售顾问：		客户姓名：		联系方式：		接待初始时间：		接待结束时间：	
类型：公寓/别墅		小区：		面积：		交付时间：		计划入住时间：	
精装/毛坯		若为毛坯，填写设计公司或设计师信息：							
之前是否了解XX品牌：是/否									
何种渠道了解品牌或店面：路过/小区营销/老客户转介绍/设计师推荐/异业推荐/广告媒体/其他									
计划购买：单件/整组/整套				偏向系列：				预算金额：	
有无推荐免费设计：是/否				有无推荐上门量房服务：是/否					

重复进店客户

销售顾问：		客户姓名：		联系方式：		接待初始时间：		接待结束时间：	
类型：公寓/别墅		小区：		面积：		交付时间：		计划入住时间：	
曾经是否购买：是/否						累计购买金额：			
距离上次进店有多长时间：低于一周/一周至一月/一月以上						累计进店次数：			
本次进店目的：									
本次是否成交：是/否				成交金额：				未成交的主要原因：	

二、接待制度

关于接待，最困扰管理者的莫过于销售顾问对客户的自我判断，从而出现挑选客户的行为。比如店中店，一旦进店客流处于明显饱和状态，销售顾问必然会自由挑选高质量的客户，谁都愿意把有限的时间花在更有成交可能性的客户身上，因此管理者并不需要完全否定这种行为。只不过，在密集上客的时间段，管理者无论如何都应当出现在店面，除了监督以外，更多的是给予大家及时的帮助，甚至是帮助他们预判客户的质量。

为确保所有销售顾问在接待过程中能保持一致的服务质量，接待制度是前提，制度中最基础的内容是接待的话术和流程。

1. 必设话术

鼓励销售顾问在接待客户时都能有自己的语言特色，这是个人差异化的一种体现。虽然语言有特色，但仍要遵循话术规则，这里并不是指哪些话能讲、哪些话不能讲，而是指销售顾问接待客户到某区域或是向客户介绍某款产品时，必须要讲到的内容。

必设话术能有效避免销售顾问向客户传达的信息不够丰富和完整，比如接待客户，走到某款产品旁边时，销售顾问必须围绕着产品着重介绍其区别于其他品牌的最大竞争优势。

2. 必设流程

必设流程是指在接待过程中，使用话术引导客户近距离体验产品，推荐特色服务。比如在接待时，必须要有向客户索要联系方式的行为。实战中，笔者规定销售顾问从接待客户开始到结束，这个过程中，至少有3次以上向客户索要联系方式，以及推荐家访量房的服务。有了必设流程，经过一段时间的锻炼，大家也就会形成习惯性的销售动作。

当然，接待时还有其他的必设流程，比如邀请客户关注店面公众号，向离店客户递送宣传资料、发送短信，等等。更多的细节方法，笔者在《精细化零售·实战营销》中有详述。

三、订单权益制度

出于店面精细化管理的要求,围绕着订单,有两个关键点不能忽视,分别是客户报备和订单纠纷的处理。为此,店面应当建立起完善的订单权益制度,包括客户报备要点,以及各种情况下订单的保护和分配原则。只有这样,才能让销售顾问清楚店面的"游戏规则",针对每一种订单纠纷的处理,都能做到有章可循。

当然,这绝不是希望销售顾问私下建立起他们认可的规则,因为私下的规则有可能受到团队内部"民间领袖"的影响,但凡他们引导得有所偏颇,就会导致与店面的观点相反。要知道,这不仅仅是一张订单的事情,如果处理好,能对后面的订单纠纷提供参考,为销售团队创造出良性的竞争氛围。

对于销售顾问而言,订单权益制度能保护自己的合理利益,他们只有心无旁骛时,才能发挥出最大的销售热情。

四、折扣制度

习惯于线下销售的产品,客户更愿意亲身体验感受后,才会决定购买,自然会存在多次进店比较的可能性,在最终成交的一刻,都会涉及折扣。目前的市场中,没有哪一个品牌敢做到没有一点的折扣空间,因此良好的折扣制度能在守住品牌形象的前提下最大化地促进成交。

1. 折扣阶梯政策

绝大多数店面,不管主动还是被动,都会设有折扣阶梯政策,根据订单金额决定具体的折扣率。这也符合道理,客户购买的多,自然就应该享受更多的优惠待遇,也不会让消费金额达不到的客户感受到不平等的对待,一视同仁对待每一位客户是店面持续经营的根本。

店面会极力避免扰乱折扣，尽力守住折扣。可是承受业绩压力的心理关并不容易过，一旦放下折扣再想要收回来，就很困难。

折扣是把双刃剑，能促进成交，也能带来不利的影响。店面不能要求销售顾问的想法与管理者保持一样的高度，作为管理者，要考虑到每张折扣订单在后期的影响。

2. 备注特殊折扣

实战中，店面会因为种种因素，不可避免地超常规降低了某些订单的折扣。作为管控措施，店面需要备注所有超常规特殊订单的信息，其中包括销售顾问、客户姓名、楼盘、电话、购买金额和折扣原因等等。

之所以要这样备注，是因为店面需要总结出特殊折扣的申请频率、申请特殊折扣的销售顾问，以及特殊订单与他们总业绩的占比。如果申请频率高，占比也大，就应当观察他们接待和跟踪客户的过程，以避免其他人的效仿。因为不正常的特殊订单会破坏内部竞争的平衡，影响正常的折扣政策，显然对店面不利。作为管理者，不能因为业绩压力，从而默认这种事情的发生。店面要做的并不是杜绝，而是尽可能地管控好，制订出相应的规避策略。

另外，店面从备注的内容里，也要挖掘出这部分客户身上的可利用资源，毕竟这也属于一种交换。

五、家访设计服务制度

家访设计服务能丰富店面员工与客户交流的内容，设计师与销售顾问的家访，就是与客户的再一次见面，且有专业设计师在场，更凸显出店面对客户的重视，从而提升客户的满意度。有家访设计服务，就能与客户一起快速明确出具体的产品，加快成交的节奏。

不少店面，销售顾问跟设计师是两个岗位，对待家访设计服务，他们有各自的角度和需求。因此店面就必须建立起家访设计服务制度，从制度上帮助店面统筹和管理好这些工作，从而让双方的配合和沟通更为顺畅，彼此工作的衔接更加积极。

从店面管理的角度来梳理整个服务过程，首要的就是规范其中的重点。

1. 明确设计师的职责

设计师的职责，就是协助销售顾问促进客户的成交，这是设计师全部工作的重心。细化出来就是量房家访、给予客户专业建议、出具设计方案、优化订单内的产品结构、提高长尾产品的销售比例、就设计方案与客户进行沟通等等，最终与销售顾问一起完成销售。

2. 申请设计服务的要求

设计师依据店面规范的设计服务申请单开展工作，要避免销售顾问直接给设计师分派任务，原因在于：其一，设计师并不需要向所有客户提供免费的设计服务，在不同阶段，店面可以根据客户订单金额和当月业绩情况来决定设计服务的具体安排；其二，设计师服务的订单会产生相应的提点，要避免销售顾问凭着个人喜好选择设计师。

店面设计服务需要有申请流程，明确谁申请、谁批准、谁监督。店面管理者借此合理统筹每位设计师的工作量，避免出现无序的状态。

设计服务申请单					
所属店面		设计师		销售顾问	
户型面积/m²		申请时间		量房时间	
客户姓名		要求出案时间		订单预算和实际下单金额	
客户楼盘		实际出案时间		下单时间	
方案形式	CAD家具布置尺寸图（　）房间　　PPT平面展示方案（　）页 PS单图（　）张　　3D空间展示方案（　）空间				
服务内容	售前协助测量/售后协助尺寸复核/仅出方案/协助洽谈（　）次				
产品概况	方案产品主要系列：		成交产品主要系列：		
送货日期：		店长确认：		设计师确认：	
财务核算工资					
实际送货金额：		该单提点：		公司确认：	

设计师提供的设计服务也有多种形式，比如量房、CAD制图、PPT方案、酷家乐方案等，每种形式的方案所需的工作时间是不一样的，店面应当根据方案形式和户型面积制订出出案时间的标准。

当然，服务内容也包括与客户的洽谈，或是在送货时现场的摆放指导。为此，对于设计师服务要建立起进度反馈表，方便管理者及时掌握他们的工作进度，毕竟效率是重点。

3. 设计服务的评价

不管订单成交与否，对设计服务要有评价的过程，包括方案完成及时率、成交率、方案还原度、客户满意度等。评价能帮助店面总结得失，同时也能作为设计师绩效考评的工具之一。

六、渠道合作制度

传统坐店式销售显然已经不是目前的主流模式，店面为了走出去，应当建立起渠道拓展团队，或是让销售顾问按照固定的排班表走出去，让外出工作变成日常工作的内容之一。

许多销售顾问会有所担忧，自己走出去后不知道该如何下手，也有的担心走出去后，会损失接待自然进店客户的机会。这是人之常情，毕竟走出去，需要勇气和能力。

1. 寻找合作资源

合作资源通常就是置业顾问、异业伙伴、设计师、样板间资源、业主群等。每位客户身上都具有合作资源，只不过是对方愿不愿意提供帮助的问题，也或许是自己根本就没有向对方表达过这种想法。

实战中，店面会遇到销售顾问为某张订单申请特殊折扣，对于这样的请求，大家的处理方式基本类似，要找一个放下折扣的合理借口，那就尝试下在客户身上能不能挖掘出上面提到的资源。这是一个简单且好用的方法。不可否认，许多资源都源自店面，只不过大家缺少了发现的眼睛，因此店面要建立挖掘资源的制度，引导大家深度挖掘的意识。

2. 合作审核

不是所有拥有资源的人都可以成为店面的合作对象，有合作，就会产生服务费。店面的事务但凡与费用相关，审核环节必不可少，为店面创造出阳光的工作氛围，是管理者的职责。

店面应审核合作对象的合作资格，比如工作履历、案例作品等等；把关合作对象的合作意愿，比如对方能否陪同客户进店，这或许比较棘手，但是正因为如此，才能验证合作方对客户的把控能力。

3. 日常维护要求

寻找到合作方，后期还要加强日常维护。笔者的好友马总在苏州经营着一家店面，每月业绩能在全国排到前几名，店面业绩至少有一半是通过维护渠道而来的，成功的关键就是他几乎每天都在外面维护着各种渠道资源。

当然，并不指望所有的经营者都能亲自外出拓展和维护渠道资源，但是店面的员工为了提成收入，也应当要经常外拓，对于已经联系上的资源或是合作渠道，只有经常维护，才能从对方那里及时获取潜在的客户信息。

因此，维护渠道也需要跟维护普通客户一样，店面应建立起日常维护制度，并通过表格进行管理。

4. 报备原则

衡量合作方对店面的支持力度，最为直观的就是比较对方报备给店面的客户数量。报备最好能包含一些基本信息，比如客户姓名、联系方式和具体楼盘，要不然，如何证明对方已经切实掌握了客户资源，或是有能力影响客户的选择呢？

许多店面会碰到这种情况：合作方报备的客户早已进店，对方只是事后来报备。如果店面允许这种报备，抛开服务费不谈，试想对方还会珍惜我们吗，对方是不是还可以报备给其他店面呢？似乎，对方并不会将我们作为一个重点的合作对象来对待。因此，报备原则可以用来检验合作方真实的合作意愿，对于没有合作诚意的合作方，要么感化，要么择机放弃。

5. 利益回馈

利益回馈分为内部回馈和外部回馈。

内部回馈是针对店面内部维护人而言的回馈，成交订单并不会与渠道维护程度形成对等的关系。实战中，合作方介绍的客户进店，不见得完全会被维护渠道的员工接待到，偶有他人接待后，就会给维护人带来心理上的不平衡。这种情况发生在任何人身上都能被理解，作为管理者，应建立合理的内部回馈制度，以确保渠道维护人的利益。

外部回馈是针对合作方的回馈，作为店面，自然想在解决所有问题后再给对方回馈，可是，对方会这么想吗？或许不是，对方当然希望越早拿到回馈越好。这个想法其实也不算过分，本着双方继续合作的态度，店面即使提前回馈给对方服务费也无妨。一旦订单在后期发生了异常状况，也可以让对方先欠着自己一个人情，这样总比自己欠着对方要好，这是维护合作方的一种策略，只不过因管理者不同的经营思路而定。

七、日工作总结制度

要求员工每天进行日工作汇报虽然是店面管理员工的一种手段，却也是员工自我要求、尊重自己劳动报酬的一种体现。

员工的能力、水平、知识结构存在着差异，自觉性也不一样，店面通过严格的方法来管理员工，也是出于对员工负责的态度。

1. 日工作总结的要素

● 日工作总结以数据为主，且以核心数据为重点，能以数字说明的工作内容，就尽量减少以文字的形式来表达。

② 日工作总结以陈述事实为原则，尽量避免出现主观判断的内容。

③ 不管是店面接待、渠道外拓还是售后维护，汇报的内容都应以客户为中心。

2. 日工作总结的作用

日工作总结的本意是希望通过这种方式来传导店面的业绩压力，检验一个制度在店面推行时所遇到的困难点，用简单的日工作总结先做尝试，正所谓一屋不扫，何以扫天下。

① 员工能否严格执行日工作总结制度，其实也是在考验管理者对店面的把控力，考验其是否具备大局观，能否自我领悟到其中的要义，并在店面做好下达的工作。

② 针对员工的日工作汇报，管理者需要作出回应，不能只是阅读一下而已。点评员工的日总结，也考验着管理者的思维模式和能力。

③ 员工不能持之以恒坚持发送日工作汇报，其原因除了执行力差以外，就是工作态度出了问题。比如某位员工偶有断档没有及时汇报，管理者应当有意识地去提醒，这从侧面反映出管理者的工作严谨度。对于失去工作积极性的员工，店面更应该重点关注。

④ 日工作总结的内容有助于管理者发现目前某些岗位的员工刻意回避的关键指标，检查员工日常工作与岗位职责不相符的地方，及时加以改正。

⑤ 通过日工作总结，及时掌握日进店客流，检查员工的销售业绩，以及在无法达成既定目标的情况下各自的调整措施。

八、客户回访制度

对于不同性质的客户，店面分别采取针对性的回访，收集、分析客户反馈的真实意见，制订出改善和提升计划，这是典型的向内部管理要信息、要效益的措施。

客户回访工作是有人工成本的，频繁联系客户也会打扰对方，所以店面应根据自身发展阶段，迎合实际需求，策略性地开展不同类别的回访。

1. 针对性回访

通过回访新进店客户，核实销售顾问填写的客户信息准确性，探寻从客户角度反馈出来的信息，比如客户对店面产品的满意度、对销售顾问服务的满意度、是否愿意再次进店。从回访中得到反馈信息后，店面应当及时利用，针对问题进行分析和总结，给予销售顾问具体的建议。

销售顾问给客户打电话对方不接，发信息对方不回，时间一久，这样的客户就会被定义为流失客户，其大概率会丢单。店面应设法掌握丢单的原因，但是销售顾问不好意思或是没能力询问到具体的原因，于是就可以通过第三方的回访来探究客户的真实想法。

实战中，笔者就要求将这种回访常态化，在周例会中统计流失客户信息，安排客服进行回访，尽量探寻出他们所选择的品牌，以及未选择自家品牌的原因。

其他类别的回访主要针对服务环节，比如：监督家访服务的回访，是为了避免低质量的家访服务导致客户对店面专业力产生怀疑；送货安装回访，则是为了监督物流按时抵达和现场安装服务过程合理有序，避免造成投诉和二次服务；维修保养回访，是为了让客户对服务提出更高的要求，有要求才会促进店面产生优于竞争对手的服务方法。

管理者要相信所有的回访信息都能为店面带来帮助，从而引导店面员工提升客户服务意识，最终获取客户的口碑和持续的转介绍。

2. 回访话术要求

回访过程要紧扣主题，追求最大化地还原真实现状。回访内容要具有进步性，不要仅停留在客户满意度调查的层面，要让客户充分感受到店面对回访的重视。为了省约客户的时间，具体话术应当简洁明了，易于客户作出判断和回答。

3. 反馈信息的利用

由于店面在不断强调客户反馈信息的重要性，所以员工都会积极投身于回访工作。因此，管理者也需要针对反馈信息开展相应的行动，这样让每一位员工都能意识到反馈信息对自己、对店面的重要性，以及回访工作的意义所在。如果不这样做，回访工作就会流于形式。

事实证明，有了相应的要求和制度，有了切实的收益，员工都能做好客户回访的工作。只要能做到，就要坚持，要将好的工作方法养成习惯。

九、规范的售后服务制度

售后人员应认真维护店面利益，珍惜每一笔订单，注重每一次服务的细节，用实际行动践行店面的服务理念。在日常的配送和安装工作中，应自觉执行规范的服务标准，统一着装，举止文明，仪表端庄，言语亲切，行动敏捷，办事严谨，在客户面前树立良好的形象。

1. 售后服务话术规范

售后人员在配送安装产品的过程中，与客户肯定会有交流，如果用词不当，会造成客户的异议，给店面及销售顾问带来麻烦。因此，服务话术必须有相应的规范，除了要求使用礼貌用语以外，重点是当售后人员遇到自己不确定的问题时，不能轻易地答复客户，而应该使用统一的话术向对方解释。

2. 产品装卸、搬运和安装规范

在产品的装卸、搬运和安装方面，要充分相信具体施工的员工，他们更有心得。此处摘列几点需要重点关注的细节。

❶ 售后人员装车前应仔细核对配送产品的明细是否单物一致，了解当日所有待送货的地址、送货量、行车路线。出发前与客户联系，不仅要与客户核实基础资料，还需要了解客户的家中环境，初步判断作业时所需要的工具和材料。避

免因准备不齐影响送货完成率，造成客户投诉。

❷ 安装过程中，客户提出与送货安装无关的问题时，应适当回应，但不要影响安装质量及进度。当客户对产品质量提出意见或不满时，应当作出适当解释或协助客户联系相关人员商讨解决方法，禁止不予理睬或以冷漠的态度对待客户。

❸ 安装完成后，须经自检合格方能交付客户验收，并全程陪同客户检验，确认产品的数量和型号与订单一致，以及产品状况良好。

以上内容是店面完成业绩的十大关键措施，虽说内容属于内部管理的范畴，然而字里行间仍然聚焦在了经营之上，因此这里的每一项措施，其实都深入到足以影响业绩的关键之处，并且笔者还从中分解了许多更加具体的细节。

市场上的产品和服务同质化现象过于严重，如何从这个行业里脱颖而出，自己所要做的就是精细化管理。措施只是方法，并不新颖，关键还在于执行！精细化零售强调的是用心，因此用心执行，将关键措施执行得彻底，店面距离成功也就近了。

第三章
店面的展陈形象

  如今的市场格外讲究店面的颜值。品牌之间的竞争早已升级到终端店面的竞争，风格、材质、销售话术都接近的产品，首先比拼的就是店面形象，因此店面的展陈效果是任何一家店面都不应该回避的现实问题。

  店面展陈不单是对产品进行简单的排列组合，而是营造店面的美感，向外传递出美好的生活方式。因为对于客户来说，他们心中对家有一个完美的期待，也渴望能提前感受到它，所以家具店面就应当迎合趋势，帮助客户实现实景体验。

要点一
值得反思的店面形象

过去一段时间，店面展陈效果过于强调形式主义，寄期望于表面的风光来掩盖产品的缺陷，但是这种做法会使成本剧增。如此展陈的店面经过一段时间的经营后，如果得不到及时的调整和优化，反而会产生一些负面效应，一起来看看会存在哪些问题。

一、奢华炫耀

店面在设计装修之初不计成本地大量投入，意在通过堆砌手法提升产品的档次，向外传递出店面实力。这样的效果虽然能迎合部分客户的消费心理，但往往是为了奢华而奢华，审美上并不高明，而且过度的粉饰，会淹没产品自身的特质。

二、忽略软装

店面需要营造的是商业氛围而不是居家氛围，这两者是有区别的。店面的装修应该是为产品服务的，一味重视硬装，而忽略软装的话，除了店面的整体效果会大打折扣以外，产品也会失去自身的光彩，因为主、配角的关系被颠倒了。

软装是产品与客户之间的纽带，好的家具产品只有在合适得体的软装衬托下，才能焕发出更强的生命力，才能引导客户对空间的充分想象。

三、疏漏细节

客户进店之初会被店面效果所震撼，第一印象极好，但是经过认真的体验后，特别是看到带有瑕疵的细节时，便会有所失望。比如产品上清晰可见的浮灰和指印、画风怪异的装饰画、陈旧不堪的摆件、凌乱不堪的杂物、枯萎的绿植、卷角的书籍等等，这些细节都直接影响了客户对店面的整体感觉。

四、效果失真

店面家具的美感，少不了灯光和饰品的渲染，即便是最普通的家具，在积极包装的氛围下也会变得美轮美奂。但是，当客户把家具买回家后，没有了强烈渲染的灯光，没有了丰富点缀的饰品，效果自然不如店面。对于店面来说，想要为客户做到所见即所得，需要有同理心的设计思维，也需要一个过程。

存在以上特征的店面，肯定感受到了越来越大的压力，因为粗放式的销售模式已经不适应这个时代了。随着消费升级，店面效果更需要向精细化、体验化的方向迈进。如果店面效果不够理想，且与当下的主流趋势渐行渐远，就是到了该寻求改变的时刻。

所谓不破不立、不进则退，想要生存，必须有所醒悟，要意识到店面展陈的重要性。经营良好的店面往往就规避了以上误区，并在店面展陈的软、硬件上做了充足的文章。

硬件是指店面展陈的产品，包括家具，以及家具组合和空间结构布局。完美的展陈能带给客户最佳的实景体验效果，让他们能为之怦然心动。

软件是指除产品以外的所有辅助品，它们有助于营造出让客户感觉惬意和放松的氛围，从而延长客户在店面停留的时间，更好地感受和体验产品本身。

要点二
选择展陈产品的要点

家具人都知道一个硬核道理：装修前应该先定家具，再定设计方案。其实，店面装修也是一样的道理,第一步要选择合适的展陈产品。对于店面经营者而言,他们会力求店面能在客户面前呈现出完美的形象,或许是经营者担心自己的专业度不够,所以会尊重设计师的想法。但这并不妨碍经营者表达自己的要求和建议,因此还要从经营的角度出发多与设计师沟通,多交换彼此的想法。

通常在选择店面展陈产品时,要分别从设计和销售两个角度来考虑。

一、设计角度的考虑要点

展陈产品本身的风格和价位需要符合店面商圈内客户的消费习惯,不能有偏离。展陈产品既要满足客户的需求,还要能够诠释品牌独有的特点和内涵。

为了追求店面的不断变化,给客户带来新鲜感,店面出售、调整展陈产品也是有必要的。在选择产品时,店面要考虑到后期房间的调整规划。但不要忽视单件产品的点缀作用,因为单件产品展示得好,能够优化店面氛围,吸引客户的关注,并让客户产生购买欲望。

二、销售角度的考虑要点

1. 楼盘的主力户型

这个要点具有阶段属性,比如集中交付的时间段,大多数目标楼盘的主力户型面积为110~140平方米,那么在规划店面产品时,就要适当考虑这类户型的展陈产品,让客户进店后不由自主地将店内产品与自己的户型联系起来。

2. 主流样板间风格

楼盘官方样板间的产品和效果是不会被业主轻易忘掉的,甚至还会影响到他们的产品选择。所以,即使店面无法做到与样板间的风格保持一致,至少也要展陈出类同设计元素的产品,这样能方便销售顾问与业主之间产生更多的互动话题。

3. 产品的销售排名

相信大家在选择产品时都会考虑到具体的销量排名，但还是应当更为精细化。参考的对象一定要具有代表性，因为在不同类的城市中，市场上的产品流行趋势会不一样，因此在组合店面的展陈产品时，应设法比较同类城市的产品系列的销售排名情况。

随后再根据店面的面积大小，依次做出产品的取舍，每一件被舍弃的产品，都需要有客观理由，而不是凭着个人的主观喜好。

4. 房间组的收益率

即使店面足够大，也不会展陈出全部的产品，所以就应有取舍。在房间组数量固定的前提下，组合产品就显得很关键。店面展陈产品要考虑房间的组别，各个房间组别既要有主次之分，又要做到有效的互补。

主次，无非是客厅、餐厅、卧房各组别的展陈比例。常言道："得客厅者得订单。"首当其冲的自然是客餐厅组别的展陈，毕竟它对客户的最终选择有重要影响。

互补，则体现在产品的功能、款式、颜色、价格、材质等诸多方面在局部的统一和融合，它能帮助客户做出选择，提高成交速度，因此影响着客户订单的走势。

要点三 店面设计

店面设计要参考品牌的理念、品牌包装的阶段性、生活方式的变迁、市场流行趋势，以及客户消费升级的现状等各种因素。然而，目前很少有店面的设计能做到如此尽善尽美，所以才导致店面展陈效果同厂家和经营者的期望相去甚远。造成这种情况的原因，如果从设计角度而言，就是缺少了专业展陈设计师的整体把关。

笔者好友吴强老师曾经跟笔者分享过他作为展陈设计师的从业心得，其中有一个观点，我至今印象深刻。他认为室内设计师和展陈设计师虽然看起来差不多，其实有着很大的区别，因为家庭装修和店面包装是完全不同的两种工作性质。

"术业有专攻"，展陈设计师需要懂得产品，包括产品的理念、设计元素，还要懂得客户的消费心理。店面的设计，要求展陈设计师必须站在商业的角度去平衡设计方案，方案中必须考虑到那些足以影响店面形象的各种元素，比如店面经营品牌的文化和调性、所诠释的生活方式、产品定位的目标消费群体、具体的店面结构、产品套系的组合和布局、内部客户动线等等。因此，展陈设计师除了具备设计和动手展陈能力外，还要具备优秀的销售思维。

很显然，展陈设计与销售经营之间的结合效果，在很大程度上决定了店面的设计能否取得成功。

一、整体设计

店面设计应避免出现独特个例，而应当呈现出统一的展陈标准，这是品牌影响力的一种延伸，更是品牌塑造中要坚持的习惯。

店面外围必须具有强烈的标识性，让人见到店面便能联想到品牌，比如在店面门头的设计和包装，除了店招标志外，设计上还要有能代表品牌风格和品牌高度的元素。规划门头时还须注意其所处的位置，应善于利用门头区域展陈出经典的产品以烘托店面氛围。

想让店面内部效果能延续外围亮点，这就需要展陈设计师对店面内部的各个区域进行专业的设计。设计原则是品牌的高度不能变：客户进店后所看到的产品，所感受到的空间氛围，一定基于品牌高度的前提。诠释具体生活方式的展陈手法上可以有所变化，只有这样，才能吸引更多的目标客户。

内部的规划应当有利于家具产品的充分展陈，店面效果在总体上应当重点突出家具，时刻强调家具的主角地位，任何设计或装饰手法都只是起到衬托的作用，这样才能让家具本身激发出客户的购买欲望。就这一点来说，宜家的店面设计就确保了宜家的产品能够自我销售，所以宜家的销售顾问并不多。

二、动线设计

店面在设计时，动线规划是一个专业的行为，作为店面经营者要重视最大化地利用既有空间，以及考虑节约装修的成本。

动线设计须确保客户进店动线流畅，不能拥挤不堪。动线上的产品价位，是由低到高，还是由高到低，要有渐变的过程。

客户动线与客户视线是一致的，因此规划好客户视线上的房间组别，不能让客户一眼望去都是同一组别，要不断带给他们新鲜感。这样才能让客户每到一个房间，总能被吸引住，安静地站在房间内感受产品，而不受其他房间的打扰。

巧妙的动线设计能让客户在店面进行"多角度、多方位"的体验，而且还会让客户对店面的大小和格局产生模糊概念，从而在逛完时留有意犹未尽的感觉。

三、氛围设计

1. 生活方式

店面产品的展陈目的是充分呈现出产品所要表达的生活方式，每个房间组的产品都能通过空间诠释出特定的文化和内涵。所以在空间设计上，不管是墙体颜色和装饰材料，还是灯光色系、饰品的风格元素、材质、大小、颜色，各方面都要与产品本身所要表达的生活方式保持一致，不能乱用。

2. 内部氛围

不能让客户进店后感受到压抑和冰冷，否则等于把客户向外推赶。应当在不失主调的前提下，让客户的内心感受到舒缓和安宁，只有这样，客户才能专注于产品的本身。

对客户内心起到最大作用的是空间的主体色调，而主体色调往往就是展陈家具的背景色。协调的色调会让空间显得幽雅和宁静，因此家具与主体色调应当保持和谐统一。

3. 光线效果

店面灯源有射灯、吊灯、台灯、背景灯箱等等，其中射灯在展陈产品、烘托环境氛围中的作用最为显著。设计店面时要考虑3个方面：射灯的安装方式，轨道式和嵌入式的射灯各有优劣点，但是轨道灯更为实用；关注光源方向，人在行走时有个习惯，会不断抬头往前看，因此不能让客户感受到刺眼的灯光；照射在产品上的灯光，灯光过于暗淡或明亮，展陈效果都不会理想，因此除了调整照射方向外，还需要在设计之初就参考店面环境，确定好合适的色度与色温。

4. 软装效果

软装在宏观上要符合品牌包装的发展阶段，饰品所要表达的内容要与时俱进，不能太超前，也不能过于陈旧。

在微观上，软装饰产品与家具产品之间需要建立起微妙的关系。一般来说，在形体上两者应以"相似"为佳，色泽和肌理上可以视情形而定，相融或对比均可产生不错的效果。饰品应似点睛之笔，位置要适宜，要在"点"上求对比，在"线"上求协调，在"面"上求相融，要在统一中求变化，在变化中讲究和谐，互为开合，互为呼应，虚实相间，相得益彰。在这些展陈手法之中，尤其要注重物体相互之间垂直、纵深方面的比例关系。

经过专业设计的店面能收获更广泛的客户群体，店面的展陈产品也能有节奏地与进店客户产生一层又一层情感叠加的互动，让客户轻易就被产品引吸，从而下意识地驻足逗留。在这种情形下，销售顾问才会有机会跟客户真正地深入互动。

总之，优秀的店面设计是对家具品牌进行的二次包装，这种包装更多地体现在软装对家具以外元素的把握上。

此处，借用吴强老师的一段话来强调店面展陈的重要性："这个世界上没有绝对的美，也没有绝对的丑，所有的美与丑都是对比出来的，我们就要致力于提升自己把握这种对比的能力。不要认为这件家具是丑的、那件饰品是丑的，真正丑的，是自己的能力，是你没有把它们陈列出该有的价值。放对了位置，它就是美的，美和丑一定是相互捆绑的！"

要点四 产品展陈的细节

家具本身是生活中的必需品，但同时家具又是艺术品，那么，当家具作为商品时，该如何在店面进行展陈呢？完成店面的设计后，焦点就回归到了每个空间的展陈细节上。

一、橱窗

橱窗是吸引客户进店的主要因素之一，橱窗所展陈出来的产品有个性和特色，这样才会吸引大部分客户的关注，从而进店一探究竟，进而再产生消费。店面有展示橱窗功能的空间，就尽量不要使用广告画面覆盖，不能顾此失彼。

二、主入口

主入口力求让客户在进店的第一时间体验的不仅仅是家具本身，而是通过硬装、软装营造出来的环境冲击力，由此烘托出产品的价值感。有气质的主入口，能在瞬间就抓住进店客户的眼球，促进产品跟客户产生更密切的互动。

主入口展陈产品，首先可以选择能代表品牌高度的产品；其次可以选择能体现出品牌擅长的工艺也是品牌中最具影响力的产品。这两种产品也许不一定是最好卖的，但一定是最能吸引客户眼球的。它们的展陈代表着品牌最前沿的设计，指明了品牌在这一阶段的产品发展方向。

三、第一空间

如今客流量下降，店面并不能一味地曲高和寡，尤其是客户走进的第一个完整空间，除了有吸引客户眼球的产品以外，这个空间还应当在保持基本格调的前提下，向客户传递出自身与众不同的亲和力，让客户感受不到销售的压迫感，从而愿意继续逛下去。

笔者看过一些负面的展陈案例，因此总结了设计第一空间的两个关键点：

其一是应季。第一空间的展陈效果要尽量符合季节特性，家具主色调和饰品配色应符合实时的季节，比如春夏季节以冷色调为主，秋冬以暖色调为主。试想，如果在夏天，客户进店后，接触到的是红色主色调且配以暖性饰品的空间，此时，店面因为空间与客户产生了距离感。客户或许就会产生微妙的抗拒心理，显然这是对销售不利的。

其二是轻松。它的目的还是拉近空间与客户之间的距离。实战中，笔者总结出一个方法，第一空间的展陈应尽量避免使用重色、重材质的饰品，它们无形之中会给客户带来压抑感，客户的内心会因为这种氛围而变得保守，因此更建议在这个空间使用浅色调、轻盈时尚的饰品。倘若店面能在第一空间内布置鲜花，那么花卉的鲜艳色彩以及淡淡的幽香就能舒缓客户的心情。

四、过渡地带

店面难免存在着模糊的空间，比如房间组的分割地带、过道的拐角、休闲洽谈区等等。论重要性，它们显然不如其他房间，但也有着自身的特点，就是依赖性与独立性并存。

如何处理这些空间中的"过渡地带"呢？最好的方法是融入——肯定过渡地带在空间中的作用，尊重周边展陈产品和客户动线对于过渡地带的特殊要求。总之，争取过渡地带不会产生任何违和感，且能发挥其带动销售的实用价值。

五、主体家具的展陈原则

　　主体家具肯定是店面的热销产品，也是一个系列里的关键产品，因此一定要确保它的展陈效果能够吸引客户的眼球，不需要销售顾问讲解过多的内容，它本身就带着足够的吸引力。

　　主体家具要被充分展示在客户的最佳视野内，当客户走进某个空间时，就能立刻看到主体家具的整体效果，比如沙发和床头板的正面应当迎着客户的视线。

　　展陈出来的主体家具也要方便客户近距离地充分体验，因为客户的切身感受比任何讲解话术都更为重要。比如展陈的三人位沙发，不能是拒人千里之外的姿态，一旦沙发上堆砌着太多的抱枕、上方的吊灯过低，或是客户想靠近沙发时还有一丝别扭的话，都会削弱客户的体验感。

　　每件主体家具都要将它最完美的一面展示出来，因此任何时候，都必须确保主体家具的完整性，没有任何瑕疵。

　　好产品会说话，同样的道理，坏的产品也能说话。主体家具的经典部位，更需要毫无保留地展陈出来，比如展陈主体餐桌时，桌面就应当避免堆砌过多的饰品，而要凸显出桌面油漆的光泽度，精美的雕刻部位更不能被饰品所遮挡。

要点五
优化展陈产品的思路

　　店面设计之初，从设计和销售的角度选择出的展陈产品，基本都属于热销产品。大部分店面的面积并不能满足全部热销产品的展陈，因此一开始就做了取舍。当店面经营一段时间以后，经营者通过销售数据对展陈产品会有更深的了解，为了提升店面效果和坪效，不断优化店面的展陈产品是一项很有必要的工作。在优化展陈产品时，管理者需要做到以下几点：

一、多角度追踪销售业绩与产品展陈之间的关系

店面每年都会统计全年的经营数据，其中就有细化到具体销售品类的数据。全年业绩来源于哪些套系、哪些房间组，它们各自的占比是多少？参考它们应当具有的占比来分析。当店面分析这个数据时，其实也是在反思过去的经营，这样也就能清晰店面产品的优化方向，并确定新增和撤场的具体产品。

年度产品占比数据的分析并不能完全满足店面不断优化的需求，因为存在着滞后性，所以管理者要持续追踪店面销售业绩与产品展陈之间的关系。

所有展陈产品的产出情况肯定是不一样的，卖得好与不好有多种原因。在实战中，应重点关注销量持续走低的产品，针对它们尝试更换空间展陈，或是调整软装效果。做完调整展陈的动作后，关注客户对这些产品的接受程度，如果仍然达不到预期的要求，就果断地清样销售或将它们撤场回库，这样才能时刻保持店面以绝对热销品为主的展陈产品结构。

实战中，笔者跟踪和分析过多位销售顾问的产品销售数据，发现在同一家店面，他们各自所销售最好的产品系列也存在着差异。这就带来了思考：销售顾问的销售行为也会对店面展陈效果的调研结果造成一定的误导，比如某个系列的产品，其他人都卖得不错，唯独一位销售顾问却很少销售。因此，管理者不要轻易对某个系列的热销程度下定论，为避免销售结构失衡，要引导销售顾问进行多元化销售。

店面要持续分析成交客户类型与各个产品系列之间的关系，以及产品原因导致丢单的占比。最佳的展陈效果要能覆盖众多类型客户的需求，而不是仅聚焦在部分客户群体身上，产品展陈要不断满足多样化的客户群体。因此，不能将优化展陈简单地理解为丰富产品。

二、以市场竞争思维指导优化产品展陈

除了围绕着产品自身做分析以外，也要调研外部经营环境。每年的市场大环

境在变化，产品风格和软装的流行趋势也在变化，店面展陈必然要结合当下潮流，跟随客户购买喜好的变化而局部优化。

通常店面优化展陈会受到原有房间格局的限制，优化过程并不轻松。因此，为了提高优化效率，可以采取优化房间组色调和饰品的方法。从销售角度来看，店面优化要求管理者对市场有足够的敏感度。

由于楼盘的变化，在优化店面展陈产品时，还要参考目标楼盘的户型、业主消费能力等因素。楼盘是处于动态变化中的，往年交付的都是大户型为主，而到如今，或许集中交付的却是中小户型，此时如果店面展陈的还是大体量的产品，势必无法给客户带来代入体验感，因此就应当优化展陈效果，减少这类产品的展陈占比。这种优化行为需要店面管理者有前瞻性思维，对于需要撤场的产品要提前处理。针对偶有销售的产品，管理者更要关注，并核算具体的坪效是否合理。

了解竞争对手店面的产品展陈情况，将自身与对方相比较，确认店面的展陈产品有没有差异化或明显的竞争优势。比如竞争对手店面的房间组别是如何规划的，第一空间内摆放的系列具体风格是怎样的；主体沙发有哪些，分别是什么款式，有什么特点；等等。只有充分研究和掌握了对方的展陈产品，知己知彼，才能将自家店面优化到最佳的应对模式，这是主动进攻的姿态。

三、经营调整展陈以体现新鲜感

家居零售是个潮流行业，店面一成不变的展陈效果会让员工每天感受的都是同一种氛围，他们会产生审美疲劳，逐渐就会影响到自身的士气。老客户每次重复进店，看到的空间还是跟初次进店时一样，对他们来说，同样也会产生审美疲劳，时间久了，就再也不会有所期待。然而培养忠实的粉丝客户的方法之一就是店面经常出新，具有新鲜感的展陈效果会吸引着那些喜欢家居文化的老客户们经常来坐坐，来看看。

新鲜感绝不等同于大量的产品上新，店面即使通过调整房间内产品位置、调换简单的饰品也能实现。

四、注重坪效

无论怎么看待店面展陈，浪费空间、坪效低下是绝对不能容忍的。空间浪费就意味着成本的浪费，而管理者优化展陈产品的原则之一，就是提高坪效。因此，在满足客户动线需求以外，不能轻易空闲出店面的每一块面积。

如果有多余的面积，该如何利用呢？实战中，笔者习惯巡店，会一遍遍检查店面的多余空间，思考空闲面积的利用方式，拟定展陈产品后再分析、比较方案的优缺点。或许大家觉得这样的优化会让店面显得拥挤，其实，只要不影响客户的行进动线，不影响房间组的整体效果，局部区域内摆放小件配套产品是可取的。

五、相信专业

店面应跟随工厂每次的产品更新计划，相信工厂分析和预判市场的能力。工厂的设计能力同样也值得店面的信任，因此店面与工厂在产品优化的问题上，应当在求同存异的基础上，保持思路和行动上的一致性，这样才能确保通过优化产品，呈现出最有竞争力的店面展陈效果。

作为店面管理者，也要充分相信展陈设计师或是店面软装设计师的专业能力，即使店面太想要迎合销售的需求，可以向他们提出这样的想法，但不要过多干涉，也不要用职务去命令，除非管理者自身在设计方面足够专业。

专业的事情还得由专业的人来完成，因此有条件的店面，最好能设立软装设计岗位，毕竟行业内专业的展陈设计师并不多。店面软装设计师除了能为客户提供家居设计方案以外，也可以兼顾店面的部分展陈工作。

第四章
店面标准化维护

　　巡店是管理者必备的一项基本技能,也是完成业绩的关键措施之一。店面完成了展陈布置,在后期的经营过程中,日常维护更为关键。管理者必须做到事无巨细,对于店面的硬件设施、展陈产品、基本设备、辅助展具等诸多细节,都应按照统一标准进行巡检维护。然而,不少店面并不注重店面的日常维护,店面的展陈在初期尚能保持,但经营过一段时间后,店面效果却越来越差,这究竟是什么原因造成的呢?关键在于店面管理者虽然有维护意识,但是缺少清晰的维护标准。

精细化零售·内驱式增长

内容一
店面标准化维护的内容

巡店是店面管理者最为基础也是最为重要的一项技能。标准化维护的内容可以帮助大家掌握好这项技能。当然,文字是平铺直叙的,并没有那么直观,想要锻炼出"眼中有活"的本领,关键是切实行动。最为直接的方法就是经常走进每一个房间去巡检,并一直坚持做下去。

下文内容摘录于笔者精心组织的店面标准化维护文件,是其中最为基础的一部分。

一、视觉标准

1. 外围环境维护标准

店面大门外围应干净、整洁、无杂物,独立店更应扩大维护的范围。

店面橱窗应通透明亮、无遮挡、无灰尘,确保橱窗展陈的沿街效果良好。

2. 店面硬装维护标准

店面硬装符合品牌方最新的硬装标准,在此基础上,维护好所有的硬装细节。例如:确保墙体完整、无裂纹,墙纸无破损和脱落,墙体颜色无色差;确保墙体整洁,无污渍,无遗留的铁钉和钉眼;等等。

3. 店面产品维护标准

确保房间组展陈产品的完整性,避免缺失。所有产品的外观应无明显划痕,无物理结构的瑕疵。

确保产品任何可触摸到的部位，以及正常视线可及范围内的部位无灰尘。

柜体、抽屉内应干净整洁，且无杂物；若柜体类家具内部有灯泡，应确保明亮。

产品与墙体，以及产品与产品之间，应保持合理的距离，例如：咖啡桌距离沙发边缘的宽度至少保留行走距离，且位于沙发的中心线上。

确保软体产品的现场效果良好，例如：沙发坐垫和抱枕松软饱满，多人位的坐垫与沙发靠背紧贴吻合，并各自保持在同一水平线上，所有抱枕的拉链须在底部，核心抱枕位于沙发正中间。

4. 店面饰品维护标准

不同种类的饰品，维护标准也不一样。

店面每个台灯和吊灯应保持明亮，遇有灯泡损坏应及时更换。确保灯罩干净整洁、端正，灯罩接缝处不能迎向客户的视线；台灯的多余电线应妥善缠绕，尽量避免外露。

装饰画、装饰镜的悬挂高度应与主体家具协调，且应保持端正不倾斜。

窗帘应定期熨烫，不应出现明显皱褶，拉开时的距离应保持对称。

地毯边缘不能卷起、线绒型边缘应定期梳整，避免凌乱。

店面绿植应保持健康，无枯萎枝叶，更应避免绿植的枝蔓缠绕或遮挡家具。

装饰书籍应打开，且内页的颜色和图案应符合房间氛围。

确保所有饰品的细节部位干净整洁，细节之处有灯罩内侧、灯泡边缘、盒状饰品内部、摆件底部、玻璃镜面、花卉和绿植枝叶等等。

5. 价签维护标准

店面价签的型号、材质、尺寸、价格、产地信息应与展陈产品吻合，准确无误。若涉及进口电子类产品，应有中文标识的内容，且在价签上进行妥善描述。

所有家具和饰品的价签不应手写，店中店使用商场的标准模板，独立店使用工厂的标准模板。

家具的台卡式价签应整齐摆放，避免因摆放无规则或摆放过多，从而影响到产品自身的展示效果。家具的悬挂式价签应固定在产品的指定位置，并确保所有挂线的高度相等。

饰品应使用精致的粘贴式价签，并依据饰品种类分别粘贴在统一部位，例如：装饰画和摆件的价签粘贴在底部、台灯价签粘贴在灯罩内侧。

6. 品宣物料维护标准

店招字体应确保整洁，无明显污渍和老化现象，若为发光字体，应确保光源正常无损，且设有固定的开关时间。

任何外围广告的画面内容都应符合品牌方的形象标准，确保画面无色衰和皱褶。

店面所有展陈的品宣物料，内容应符合品牌方的最新标准。含有日期的各种促销和宣传物料，逾期应及时撤场。

店面播放的宣传视频应为品牌方统一提供的，内容符合时效性，逾期则应及时停播。

7. 灯光维护标准

店面光源包括台灯、吊灯、装饰灯箱及射灯，不同的光源有不同的使用标准，本段落仅讲述射灯的维护标准。

店面在选择射灯时，应事先确定具体的色温标准。使用时应避免直接刺激客户的眼睛和无效照射。最大化减少家具表面出现局部阴影，以及家具后方墙体出现明显的阴影区域。

泛光照射的方式应确保同一区域内的产品接受光源的程度达到平衡，避免顾此失彼。照射时，注重凸显家具的重点和独特部位，因此灯光效果还应强调突出重点、层次丰富，从而烘托出家具的气质。

照射灯光应兼顾到店面的每件产品，包括以配角身份出现的装饰品，比如窗帘、装饰画、绿植等，具体的射灯数量应根据产品在空间内的地位而定。

灯光必须照射的位置或区域为：品牌标志、荣誉奖牌奖杯、品宣栏、背景墙、标志性产品、产品工艺展示区等等。

8. 卫生间维护标准

独立店卫生间应配备香薰、擦手纸和高品质的垃圾桶、一次性坐垫套、卷纸和衣物挂钩等等。

洗漱台上应配备盒装面纸、洗手液，以及含有优质干净的梳子、护手霜和棉签的洗漱篓，等等。为提升店面形象，可以适当选配鲜花。

二、嗅觉标准

❶ 店面应有属于自己的独特味道，高档零售店面应使用芳香精油非雾化式的扩香设备。每种味道都有独特的寓意，犹如花语一样，因此条件允许的情况下，特殊定制或统一购买某一种香型后，作为品牌的嗅觉标准，在全国店面统一使用。

❷ 注重服务的店面，每逢周末或节假日期间，可在店面入口处摆放味道淡雅的鲜花，让客户进门时就能感受到真花的香味。

❸ 独立店扩香的区域以接待处、设计中心、收银台、卫生间，以及主要过道为主；店中店扩香的区域以进门入口处、大空间区域、洽谈方案区域、收银所在区域为主。

❹ 任何情况下，店面都不应出现异味。员工饮食要以无刺激性气味的食物为主，且在规定区域用餐。卫生间定时打扫，应确保通风设备正常运行，避免异味。

三、听觉标准

店面在设计施工之初就应当考虑背景音乐的需求，确保每个空间都能有轻柔的音乐。

❶ 店面应为背景音乐设置固定的开关时间，每天晨会后开启，下班时关闭。

❷ 背景音乐音量的最佳状态应能达到若有若无的感觉，通俗而言就是想听就有，不想听就能被忽略。高品质音乐应确保每首曲目的音量保持一致，避免出现音量忽高忽低的现象。

③ 播放曲目应符合品牌方的标准，能与产品风格定位相匹配，如欧美风格的家具应选择古典、轻柔、舒缓的外文曲目，尤其是女性歌手演唱的曲目，或以纯轻音乐为主。建议品牌方每年应更新不少于50首曲目推荐给店面统一播放。

④ 特殊时间段可以播放特定曲目，比如：营业开始时播放迎宾曲目，结束营业时播放送宾曲目；营业期间，选择固定的时间段插播品牌文化的宣传音频；节假日播放能营造节日氛围的曲目。其他营业期间，应恢复常规曲目。

⑤ 日常应维护其他的视听设备，比如电视机应确保每日开启，播放品牌宣传片时，音量控制在合理的分贝。

四、味觉标准

1. 饮食品种标准

具有高品质服务意识的店面应在店内配置现磨咖啡机，常备奶精（有条件的可备有鲜奶），以及甘蔗糖块、黄糖和白糖各一种。根据季节变化，适时提供绿茶、乌龙茶、花茶、红茶或养生茶。

店面应备有矿泉水，瓶身尽量能统一覆盖含有品牌标志的外包装，若无法统一，应使用浅色包装的瓶身，且外观优雅的矿泉水。还应常备可口可乐、雪碧饮料，不再使用其他特色饮料。

食物应选择单独包装，且包装精美，例如可口的优质饼干，避免使用土特产类的糕点。因水果的存储条件较高，且须保证卫生干净，店面应避免使用西瓜、哈密瓜、苹果等需切开食用的水果。常备巧克力、薄荷糖，及时给予出现低血糖症状的客户帮助。

2. 饮食器皿标准

店面不应提供一次性的塑料制品或纸质水杯给客户使用，而应根据不同饮品提供不同的水杯，如陶瓷或骨瓷的咖啡杯、水晶或无铅玻璃的水杯，并配有不锈钢材质的汤匙。饮食器皿外观应精致典雅，若有品牌标识，效果更佳。针对VIP

客户，店面应配有专属的茶杯套装供其使用。

确保器皿即时消毒，无论何时都应保持清洁卫生，无指印和水渍。

店面接待或洽谈区应避免使用桶装饮水机，若必须配置时，应选择外观时尚且含有过滤功能的饮水机，并定期清洁。有条件的店面，可以配备冰箱和消毒柜，若放置在公共区域，应确保设备内、外部的整洁干净。

3. 饮食摆放标准

饮食摆放的数量应适中，矿泉水和饮料以6瓶为限，并呈三角形摆放。饼干和糖果应确保三分之二的摆盘效果，每天须定时补充。

饮食摆放的区域不宜过多，比如店中店摆放两三处即可，可以放在客户洽谈区域、设计区域、某个主要的行进通道。独立店摆放的区域可以稍多一些，每个楼层至少确保有一处区域供食物摆放，必须摆放的区域有前台、设计中心、洽谈区域、收银台。

器皿的风格应与该区域相互匹配，颜色和风格应与家具统一，建议店面使用百搭的无铅水晶托盘。

五、触觉标准

触觉的近义词是感觉，医学上所说的触觉是指所有感觉系统发展的通路，是一切神经通路的基础。引用到零售店面来，笔者将店面触觉通俗理解为店面带给客户的具体感受，因此触觉标准就是店面的基本服务标准。

1. 员工仪容仪表标准

店面所有员工的仪容仪表应符合具体的形象标准。

男士应着以稳重深色为主的正装，裤腿平整有裤线，口袋无明显杂物，搭配深色袜和得体干净的正装皮鞋。衬衫尽量为素色，且熨烫平整，确保纽扣无缺。头发不过耳，不留胡须和指甲，鼻孔内外清洁干净，仪表大方整洁。上班期间不应食用刺激性味道的食物，保持口腔清洁。

女士衣着须选择合身的正装，且应熨烫整齐。为保证活动方便，上衣不宜过长、下衣不宜过短，着裤裙时应长度适宜。贴身衣服应尺寸适宜、保持干净整洁。短袜颜色以深色为主，长筒袜以肉色、灰色为主，不应露出袜边。皮鞋应洁净，款式大方，鞋跟不宜太高太尖，中跟为佳。上班期间应着淡妆，指甲油颜色以透明和粉红色为主，且不易剥落。发型优雅、庄重，梳理齐整，长发须用发卡固定。上班期间不应食用刺激性味道的食物，保持口腔清洁。

店面配发工装应注重色彩的搭配，黑白并不是职业装的唯一主题色。若店面采取个性化着装，员工穿着应带有设计范，但又不失典雅，尤其不可穿着过于暴露，可适当配以挂坠为着装点缀。

2. 手机使用标准

店面营业时间，员工手机应调整成静音模式，避免铃声引起进店客户的惊吓。如有条件，员工须确保手机彩铃为公司提供的统一版本。在店面接待客户时，非紧急事务，均不应使用手机。

3. 接待服务标准

销售顾问接待客户的过程中，应携带含有多种工具的接待夹，包括便于记录客户信息的笔记本、平板电脑、卷尺等等。接待时的站位应保持在客户侧后方，言语清晰，音量适中。

向客户介绍产品和服务的销售说辞应为工厂提供、店面完善的统一版本，并能结合客户的实际情况，为其形象地描绘生活方式。

店面应常备各种宣传册，确保没有错误信息；有条件的店面应备置液晶操作屏，内置产品图片和设计方案，销售顾问在接待时应操作并引导客户观看。

积极鼓励客户亲身体验产品，例如邀请客户试坐沙发，引导客户用手触摸家具的关键部位，并向客户详细介绍。为提升店面样品的体验感，保证产品完美的展示效果，店面应制定明确的清样制度。

客户未决定购买，销售顾问礼送客户离店前，应互加微信，邀请客户关注品牌或店面的微信公众号，向客户递送个人名片、店面宣传册，以及客户心仪产品的纸质清单。有条件的店面，平板电脑应安装销售系统，并确保能与打印机实现无线连接，以便于为客户打印产品清单。

没有接待任务的员工，不应在营业场所大声呼喊或与同事扎堆聊天，路遇客户须面带微笑点头示意，并轻声问好。

4. 签单服务标准

店面应使用统一格式的销售单据，标识出重点条款，并向客户说明，同时，使用销售专用章对单据进行确认，增加单据的公允性。收款后，及时向客户开具收款证明，严禁使用个人账户收款。完成签单手续后，应将销售单据、收款证明，及个人名片统一放置于信封内，以便于客户保存。

5. 非购买类客户的接待标准

店面营业中，也会遇到非购买类的客户进店，同样应当有相应的接待标准。

异议客户进店，站位的销售顾问应第一时间邀请客户至洽谈区或非公共区域内落座，倒水并礼貌告知客户稍做等待，随后立即通知原销售顾问到场。待原销售顾问到场后，及时向店面管理者或客服部报备。原销售顾问接待时应礼貌接待，并保有耐心，不允许使用任何会导致客户负面情绪升级的语言，语速和声音均应保持正常状态。具体该如何解决售后异议，将在本书的客服营销章节中进行表述。

设计师进店，站位的销售顾问应认真引导设计师参观店面，详细讲解品牌文化、产品风格和设计元素。被询问到关键问题时，不应贸然回答，须确认完设计师身份后，邀请至洽谈区或非公共区域内落座，提供饮品，随后通知管理者参与一同洽谈。

以上是店面标准化维护的简版内容，实战中，只有书面标准是远远不够的，管理者及员工都应当掌握基本的巡店技能。如何才能做到呢？笔者认为需要拥有一颗处处为店面、为客户着想的内心，以及一双善于发现的眼睛，把自己更多的工作时间放在店面。

为了让大家学会巡店，并养成巡店习惯，店面还须制定日常巡店制度。

内容二 店面日常巡店制度

店面正常的巡店时间段分为营业的前、中、后。这3个时间段内的巡店人员、巡店内容和具体要求也是不一样的。

一、日常巡店的时间要求

一般巡店时间段分为营业前、中、后的巡店，店面的所有员工都需要持续巡店，并养成巡店的习惯，通过巡店来提升自己维护店面的意识。

营业前巡店是店面所有在岗员工在晨会后一起参与的巡店，借此机会组织大家认真检查店面的硬件设施、出样产品的状态，再一起分析店面出样的产品组合，商讨有待调整和优化的区域。这是全员营销中最基础的工作，员工们不能光喊口号，而无任何实际的行动。

营业中巡店发生在接待完进店客户后。在接待客户时，店面肯定会有产品的挪动，因此销售顾问在客户离店后，就应当迅速巡店，及时清理垃圾，复位产品，让产品恢复成最佳的展示状态。

营业后巡店包括核对当天店面出入产品，确认好相应的调拨手续，检查电器产品，杜绝安全隐患。

二、管理者巡店要求

巡店是店面管理者最为基础的技能，不懂得巡店的管理者是不合格的。为保证店面实时良好的经营氛围，店面应当建立管理者巡店制度，这是践行走动式办公的方法。

对于管理者而言，主要的战场是店面，而不是办公室。

实战中，笔者曾在管理团队中推行每周一天的无座办公日。所有管理者在这一天离开椅凳，走入一线。想要充分了解店面出样产品的展示状态和销售状况、员工的工作习惯等，巡店是最好的途径，只有不断巡店，才能有切身的体会。

为确保管理者认真执行店面的巡店要求，店面应设有巡店记录本，规定每位管理者具体的巡店时间，以及巡店的记录要求。针对巡店记录本中记录的待改进项，店面必须要有具体的改进措施和时间要求。

综上所述，店面的日常维护对营业环境至关重要，这是一个优秀店面必须要具备的行动能力。只有加强日常维护，才能打造出一个颇具竞争力的店面，从而更好地维护品牌的形象，增强员工的销售信心。

巡店，本质是对店面细节的管理，须牢记：没有最细，只有更细！

内容三
巡店细节的案例指导

为了更加直观地阐述巡店过程，下文着重列举几类详细的巡检细节加以说明。

一、店面外围的巡检细节

❶ 针对店面外围，巡店时要有扩大巡检范围的意识。检查店面临近地面处有无损坏现象，有无生活垃圾和杂物，比如通常会出现的交通工具、保洁用品、卷边脏乱的迎宾地毯。检查门口的迎宾绿植是否健康，有无枯叶，检查绿植盆的外框有无明显灰尘、盆内有无杂物和垃圾。

❷ 检查外立面墙体有无明显水渍，外挂石材有无开裂现象，漆面有无暗淡

或斑痕。使用玻璃材质的外立面，更应检查有无明显灰尘。检查外立面有无小广告、逾期的促销画面、粘贴物的遗留胶痕、墙体拐角处和顶部有无积压灰尘或蜘蛛网。

❸ 检查外围店招是否符合品牌的标准、字体是否残缺，有无明显锈迹、积灰、蜘蛛网。假若是临街店面，应检查店招是否有固定的开关时间。

❹ 站在店面外围向店内观察时，检查玻璃橱窗是否明亮通透，视线有无不必要的遮挡；店面内部光线是否充足，店面内部展陈家具的风格是否符合品牌特点，是否清晰可见。检查店内窗帘有无按照时间或阳光照射角度进行及时的调整，窗帘是否保持着统一高度，左右拉开时是否保持对称的距离。

二、店面内部墙体的巡检细节

❶ 检查墙体颜色是否符合统一标准，墙体本身有无掉色、掉漆、色差、污渍、胶痕、裂纹、脱落及其他损伤的情形，常见的有乳胶漆开裂、墙纸接缝处脱落、挪动家具时发生的磕碰擦伤等等。

❷ 检查装饰画、装饰镜悬挂在墙体上的方式，有无优先使用无痕挂钩。撤除后，墙体不能遗留铁钉和挂钩。检查墙体是否留有明显的钉眼，店面若不能及时修复，就会影响店面形象。

三、产品展陈距离的巡检细节

❶ 检查家具与墙体之间的距离，为防止磕碰，在产品须形成聚合效果的前提下，家具与墙体均须保持安全距离。

❷ 检查家具与家具之间的距离，家具之间应留有一定标准的展陈距离，例如主体沙发与咖啡桌的距离、床头柜与床的距离、餐桌与餐椅的距离。

❸ 检查装饰画与家具之间的距离，例如装饰画与沙发、装饰画与床头的距离，装饰画原则上不应偏离于下方家具的中心点。检查装饰画与装饰画之间的距离，是否根据墙体面积、家具尺寸而展陈出完美的效果。

四、沙发的巡检细节

① 检查店面沙发的外观,例如包饰有无污渍,坐垫是否饱满平整;针对双人位以上的沙发,检查所有坐垫的水平面是否处于同一直线。

② 检查抱枕的蓬松度、拉链方向。标配抱枕是否齐全,核心抱枕是否居中,其余抱枕是否根据颜色标准进行有序的摆放。

五、实木家具的巡检细节

① 检查店面有无展陈其他品牌的家具,是否展陈着老旧工艺的产品、停产产品、淘汰产品。若属于店面正常清样,是否标识明显的"清样"字样。

② 检查家具是否有物理损伤、缺部件、严重的漆面划痕、拉动开合的异响等情况。

③ 检查柜体内部有无私人杂物。

④ 检查实木家具上的饰品陈列是否凌乱,并用手拂拭家具,尤其是重点部位,检查有无浮灰。

以上只是巡店中的部分细节,实战中,还有更多的巡检细节,如店内地面、光源、床品、功能展具等。本文不做赘述,因为大家完全可以根据店面标准化维护的内容,通过自身的日常巡店进行总结。只要不断提高对自己、对店面的要求,日常维护必然会对业绩有着巨大的帮助。

内容四
巡店问题的解决方案

如在巡店过程中检查出诸多的问题,管理者应思考该如何解决和预防,并为此规范执行的流程。下文直观讲述了墙体巡检问题的解决方案,读者们可以通过具体案例掌握其中要点。

店面须制定《日常保洁的工作规范标准》，配备相应的清洁工具，通过区域保洁时间表反馈墙体的日常保洁内容。对于独立店的石材或玻璃外立面墙体，须按月度、季度、年度制订深度的清洁计划。

店面设计和装修时，对有可能发生漏雨现象的地方须重点把关，防止发生隐患。若后期发生问题，店面应按照留存的店面设计图纸及时寻找对接人进行修缮，避免拖延。

店面应制定《样品撤场标准》，详细罗列店面撤样的搬运和其他工作细节，妥善保护墙体；在撤除墙体装饰画时，及时清除挂钩和铁钉。店面其他员工应对自己包干的区域负责，养成及时检查、清理挂钩和铁钉的习惯。店面指定专人负责处理墙体钉眼，并备留乳胶漆原浆或水粉笔，以便及时修补。

综上所述，为了店面能达到最优的展陈效果，需要在设计之初进行专业的规划，在经营中精心维护。加强日常维护，才能延续品牌的形象，塑造出店面的竞争优势，进而增强员工的销售信心。

巡店没有最好，只有更好！

第五章
产品管理

投资一家店面,虽然大部分精力应当侧重于前端销售,但是也不能放松对产品的管理,尤其是库存产品。

许多经营者往往只从明面上计算收益。例如在成交一笔订单后,认为扣除了相应的成本和各项费用,剩余的就是盈利。实际情况并没有这样简单,因为利润非常有可能被库存产品所拖累,它们直接影响到店面盈利水平。

第一类管理
积压库存管理

一、积压库存对工厂的影响

按照基本规律,工厂积压库存越多,迅速转型的难度就越大,产品对消费者需求的满足度也会随之下降,逐渐就会失去原有的市场,从而直接影响到工厂的整体销售收入。

1. 对资金占用的影响

积压库存会占用工厂大量的流动资金,4.5%的资金贷款年利率已经接近了大部分行业的平均利润率,如果工厂能减少资金占用,就能减少使用成本,提高利润率。一旦资金占比例用过大,除了增加成本以外,也会面临现金流断裂的风险,从而导致战略决策失误,滋生出各种经营风险。

2. 对精细化管理的影响

过量的积压库存会产生巨大浪费,著名的丰田生产方式总结了企业存在着的七大浪费,其中,库存引起的浪费最大。

首先,库存产品有自然损耗,如折旧处理、损伤和款式淘汰。其次,不断增加的库存势必增加仓储面积,仓库租赁成本就会上升,而且需要安排员工来管理仓库,人力成本也会跟着上升。更不可忽视的是库存大,品类就繁多,库存数据准确率也容易降低。库存数据不准,引发的连锁状况会使生产计划出现偏差。

3. 对供应链的影响

积压库存造成供应链的损失难以被发现,它并不是直接表现在费用里的,但是供应链受损会导致工厂竞争力的下降。因为排产计划受阻会减少材料的批量采购,因此工厂无法获得更有竞争力的采购价格,材料成本自然会上涨。

4. 对研发新品的影响

积压库存越多,工厂决策受到的制约因素就越多,就越不能快速反应市场需求。比如要升级某些产品的工艺,但是仓库内仍有不少老款产品,如果贸然升级,老款产品就容易造成积压,因此积压库存会导致新品研发的速度放缓。

二、工厂产生积压库存的原因

工厂自上到下的管理组织,没有预判到积压库存可能会产生危害,对于库存的预警和消化,也没真正建立起有效的管理机制。具体原因如下:

❶ 产品生产周期过长。生产周期是响应市场的速度,从客户下单到送货,中间的过程越长,在客户端、销售端、生产端三者间存在的不利因素就越多。

❷ 生产计划不严谨。每周、每月的排产计划并没有科学地分析订单,更没有采集和分析历史数据的过程,而是盲目地排产备货。只追求产能,必然的结果就是产品过剩。一旦备货产品与市场需求相脱节,缺少前瞻性的那部分产品就不再热销,导致店面消化备货产品的订单减少。

❸ 缺乏规范的客服体系,没有严谨的删单、退换货制度和流程,聚少成多,从而产生更多的不良库存。

❹ 产品定价体系不合理、缺乏科学依据,降低了产品的市场竞争力,从而造成阶段性的销售困难,时间一久,就进入恶性循环,形成库存积压。

之所以要讲到工厂积压库存的话题,是因为工厂和店面在这个方面是互为支撑的命运共同体。一方面,工厂积压库存的产生也有来自店面的原因,例如生产计划受到店面订单准确率的影响,产品错误、送货时间的随性更改都是重要因素。因此,店面管控好提货计划,有助于工厂合理排产。另一方面,工厂也不要轻易向店面压置库存,压货只是一时之快,于长效发展则危害甚远。

三、积压库存对店面的影响

积压库存对店面造成的经济影响,显性的有:产品贬值、额外的仓库租金和用工成本;隐形的有:因为库存数据准确率下降带来的管控风险,以及大量积压产品加大了挪库的困难程度。

店面希望迅速处理积压产品,实现变现,开展库购会是一种很好的清仓方式,然而拥有正规库房的店面并不多。试想,冒着降低品牌形象的风险,邀请客户到库房参加库购会,积压产品真正能消化掉多少呢?库购会的成功取决于多个因素。实战中,笔者曾组织过多场库购会,收效各异,所以并不要抱有太大的幻想,一切还得从实际出发。

店面既然不具备组织库购会的基础条件,就面临一个抉择:是把积压产品滞留在仓库,还是转移到店面来销售呢?选择后者,势必就会挤压店面热销产品的展陈面积,从而影响店面的整体效果。更深层的影响是违背了店面的整体规划,展陈产品的结构并不符合工厂的最新要求,逐渐跟不上市场趋势,并与客户的实际需求开始脱节。

店面展陈积压产品,员工会因此产生审美的疲劳,影响士气。为了迅速处理积压库存,必然会采取大幅降价的促销手段,这样做,一方面影响品牌形象,另一方面员工也会因为深陷消化积压库存的氛围,有意引导客户消费库存产品,因此抓不准客户的真正需求。况且员工常年处于低折扣的销售氛围中,个人的销售能力得不到提升,自信心反而会下降。

对于积压库存,平铺直叙的文字并不能完全反映出店面管理者的内心感触,但终究还是要直面经营状况。回归初心,下面我们先了解一下店面产生积压库存的原因,这样能帮助理清思路,抓住重点,防患于未然!

四、店面产生积压库存的原因

1. 样品积压

店面设计之初,没有合理规划好展陈产品,后期经营中又缺少严谨的产品上样和撤场的制度，流程过于随性，已入库样品得不到及时的上样，撤场样品也没有计划好回库后的处理措施，最终导致积压。

2. 非正品积压

非正品是指质量受到破坏的产品，严格意义上讲，样品也属于非正品。此处非正品指的是本身存在质量问题的产品，如店面配送过程中发生磕碰、刮擦的产品。对于非正品，店面如没有相应的处理跟踪制度，产品无人关注，最终将导致积压。

3. 退换货积压

因客户喜好，对所购买的产品在尺寸、风格上有所转变，从而产生退换货。退换回来的产品虽然能被当作正品销售，但是店面无人继续关注和跟踪它们，就会产生积压。假若是定制类或小众化的产品，积压的时间会更长。

4. 备货积压

为了响应销售速度，满足客户的送货需求，店面常规产品的备货量过大。倘若没有经过数据分析，缺乏对市场的前瞻性预判，大量备货是不科学的做法，剩余的那部分就会形成积压。

5. 客户订单产品积压

成交时，预估客户送货时间的准确性不够，或是销售顾问担忧工厂延迟出库，人为提前了送货时间。等到订单产品入库后，却因为各种情形，送货的时间一再推迟，难以按照约定时间送货，从而形成阶段性的积压。

以上笔者分别从工厂、店面的角度简单剖析了积压库存产生的原因和损失。不难发现，工厂和店面的利益其实是捆绑在一起的，双方想保持良性且长久的合作关系，就要积极沟通。店面应向工厂反馈自身库存的真实状态，双方共同商讨出切实可行且不会对双方有伤害的处理方法和措施。

五、如何更好地处理掉积压库存

笔者的一位汤姓朋友在南京经营着几家店面，他对于积压库存的处理方式是能卖就卖，不能卖就送，送完客户送亲戚，送完亲戚送朋友。他的这种做法也对，这些闲置的积压产品放在仓库，店面先用图片销售，倘若许久仍然处理不掉，逐渐就会变得毫无价值，那么为何不能把它们送给有需要的人呢？最起码能减少社会资源的浪费，还能维护好朋友之间的关系。

这种直接、豁达的做法，并不适合所有的经营者。实战中，在处理积压库存的问题上，还是有一些切实可行的措施。笔者仅从工厂角度来阐述措施的细节，对于店面而言，可以从中借鉴使用。

❶ 设立库存管控小组，专门研究积压产品的改造工艺。在生产任务不饱和的情况下，合理利用工厂的剩余生产力进行维修和改造翻新。这种方法，看起来会增加不少的成本，但如果统筹好，能够切实解决部分积压产品。为提升消化库存的效率，可以为库存管控小组制订可量化的数据目标和具体的激励措施。

❷ 组织软装设计团队重新组合积压产品，形成能被大众客户接受的套餐，但是并不要抱有太大的幻想，期望客户能完全按照套餐购买，套餐形式并不会带来立竿见影的效果，但是做总比不做好。从实战经验看，套餐需要尽量做得简单、风格百搭、价格适中才有助于销售。

❸ 定期收集各店面的积压产品信息，包括产品的型号、数量、库龄和状态，结合工厂待消化的积压产品，建立统一、及时更新的库存数据表。所有店面共享库存数据信息，设定好一致、有序的促销折扣体系和奖励措施。

❹ 有条件的工厂在控制好仓储投入的前提下，可以在大型城市周边建立具有一定规模的奥莱店面，收集各店面的积压库存，以代销的方式帮助店面消化积压产品。利用单独的奥莱广告形式来吸引新客户，以线上模式为主定向向所有老客户、丢单客户进行宣传。

❺ 工厂定期牵头组织大型团购活动，针对内部员工，举办一年一度的内部购买活动。针对普通客户，举办上下半年各一次的清仓团购活动，内部增加临时性的激励措施，工厂和店面合力提高积压库存的销售提点。

❻ 通过线上店铺和网络直播的形式进行销售，开展差异化的特色经营。开设线上奥莱商城，主打积压库存产品，通过自媒体平台、广告以及终端销售顾问积极宣传销售库存产品。工厂和店面不必过于担忧这样做会拉低品牌的形象和高度，只要确保销售的产品是积压产品和样品，并不会造成价格体系的混乱。

❼ 通过工厂的力量与更多的第三方开展合作，比如与民宿、酒店的深度合作，本着收回成本的态度，即使是以租赁方式，租金也能带来收益，转化成收入，这也是一种消化库存的方法。现在也有大量的第三方易货平台，在规避掉对品牌的伤害后进行合作，未尝不是一种好方法。

以上是工厂处理积压库存的方法，或许片面，也相信大家在实战中还会有更多创新的方法，不管方法如何，对于积压产品的处理，核心要义就是别犹豫，快速处理！

六、积压库存的管理制度

《积压库存管理制度》是从快速消化积压库存的角度出发制定的，是确保管控的基础。制度要点是明确积压库存的责任人，谁产生的，谁就是消化责任人。

实战中，笔者曾规定积压库存的免费存储期，一旦超出期限，店面就根据单件产品金额，按天收取一定的存储费，这是带有时间限制的惩罚措施。最终目的不是惩罚，而是加强责任人处理积压库存的意识。

有奖有罚，处理积压库存也有奖励措施，为了鼓励大家积极处理库存，可以提高库存产品的销售提点、根据销售折扣来设定阶梯性提点，或是根据月度销售积压库存总金额进行额外激励，等等。其实，除了提高提点激励外，也可以增加激励的对象，让全员参与进来，尤其是让设计部门参与进来，让设计师与销售顾问更紧密地捆绑在一起，向意向客户主动推荐积压库存的产品。

第一部分的内容重点讲述了积压库存的痛点和处理积压库存的方法，但是这些方法也只能起到治标的作用，想要治本，就要管控好产生积压库存的源头，这就得从店面开始梳理。店面应建立规范化的产品管理制度，严谨的产品流转流程，最小化地减少人为因素的干扰，最终通过科学的产品管理实现最佳的库存结构。

第二类管理
仓库产品管理

店面针对库存产品采取了数据化管理后，相应的工作还应当保持常态化，制度和流程便不可或缺，这也是出于店面精细化管理的要求，要不然，即使有众多表格也会无济于事。从工厂到店面，经营规模肯定有所区别，因此产品管理的重点也会存在差异，对于店面而言，重要的是仓库产品和店面样品的管理。

一、产品入库

在送货时才发现产品有瑕疵，此时就难以界定具体的责任方。严格执行产品入库制度，可以规避产品出现瑕疵后与工厂、物流公司之间产生的纠纷，间接为店面节约隐形费用。

入库产品必须经由仓库管理员验收，核对产品的数量和型号，逐一检查外包装和内部产品的状态，确保产品主体完好无破损，配件齐整。检查完方能入库，如有异常情况，应第一时间保留证据，并向店面汇报。

为节约成本，不少店面会委托第三方全权负责仓库的工作，但不管怎样，都应当重视产品的入库检查，管理者适当增加前去库房亲自验货的次数，借此向对方强调严谨的入库流程。

二、产品出库

所有产品出库时，必须具备完整的手续，避免任何人为因素的影响。外借产品也必须有外借申请单，其中注明外借原因、产品现状、归还时间等内容，并由经手人和责任人签字后方能出库。

客户送货时，销售顾问应提前通知仓库，仓库管理员应该为产品出库做好准备工作，与入库检查的流程一样，核对产品信息，检查产品的具体状态。

三、产品存储制度

为仓库内的产品存储建立制度，可以确保产品的安全，减少损失。严格管理的库房会划分出不同的产品摆放区域：一种是按照产品性质进行的分区域摆放，如不良产品存放区域、样品存放区域、待送货区域、维修品区域、饰品区、沙发区等等；另一种是根据库房的面积，采取按系列、按产品类别的摆放方式。

规划完产品的存放区域后，就应当着重于仓库的6S管理，其中关键的是存储标准。

❶ 地面涂饰出宽度约为10厘米的黄色油漆界线，划出产品堆放区域，堆放区域上方必须悬挂醒目的标识，所有产品必须分类堆放在规定区域。

❷ 凡包装类产品须严格按产品外包装上的提示进行堆放，如正向摆放、勿压重等。摆放时须沿区域线整齐堆放，一头齐平，分隔清楚。产品标识面一律朝向过道，以便于寻找和存取。

❸ 沙发类产品堆放一般不超过3层，无硬纸盒包装的沙发在堆放时应确保包饰面对包饰面，底面对底面。

另外，仓库管理员必须定期整理可翻新、可销售的产品，这是确保产品安全完好的必要措施。新产品入库后，必须按照"先进先出、易损先出"的原则执行。每年梅雨季节过后，需要对沙发、床垫及其他易受潮产品进行翻包、透气风干等处理。产品发货、备货时，对翻动过的产品堆，应及时整理。

四、产品盘点

为了保证仓库内产品数据的准确，每月必不可少的工作就是盘点，因此店面每月须在固定时间段，按照固定格式的盘点表对库存产品进行常态化盘点。

仓库盘点时，管理者务必亲自参加，也可适当安排销售顾问一同参加，目的是让大家了解仓库的存储压力，熟悉积压库存中的产品型号和具体状态。虽然，大家也能通过库存表了解到库存情况，但都不如亲自去一趟仓库现场来得更加直观。

实战中，笔者曾为仓库的每一件产品贴上特制的标签，注明产品的责任人，出现最多的是销售冠军。当然在退换货回来的产品上，也有责任人的名字，这是在向销售团队传递出无声的压力。

为了节约劳动成本，建议使用条码对产品进行管理。产品入库时贴上条码，扫描确认入库。盘点时，扫描产品条码，将采集回来的数据快速上传到信息系统，系统将自动核对账面库存和实际库存的信息，从而生成盘点报表。

在盘点结束后，迅速登记盘点差异情况，寻找原因，并及时给予处理意见，避免时间一长，导致产品相关的信息丢失，影响库存数据。

第三类管理
店面样品管理

店面样品是整体库存的一部分，也是产品管理的一个重点，控制好店面样品，就能控制住产生积压库存的源头。店面样品的基础管理包括产品的展陈效果、具体状态、上样和撤场、销售数据跟踪和定期盘点等内容。

实战中，笔者发现不少店面的样品状态与品牌形象严重不符，而且还有许多个性化定制的产品展陈在店面，比如沙发换面料、家具换涂饰等，这些产品的销售情况并不理想。虽然要充分相信专业的力量，管理者不要过多干涉，但涉及个性化定制样品的展陈时，谨慎一些为好。

巡店不仅仅是巡检店面，也要巡检仓库。笔者在巡检仓库时，会重点关注撤样产品，然后与店面一同探究撤样产品当初上样的原因。毕竟，对待店面的样品，不能过于随性。因此为了管控样品的上样和撤场、清样流程，店面应当建立严谨的标准。

一、样品状态管理

1. 展陈效果

店面每个展陈空间时刻都在以更生动、更贴切的表现手法，情景化地呈现出相应的生活方式。每件展陈产品都有自己合适的位置，扮演好自身的角色，向客户叙述着各自不同的亮点。

2. 具体状态

产品本身的形象与广告中相比不能大打折扣，在有瑕疵的产品面前，任何的销售话术都会很无力。因此，店面应建立巡店和样品管理制度，日常巡检店面样品的具体状态。

3. 样品维修

维修样品是为了保证店面样品的完整性，确保产品自身的展示效果，所以样品维修的管理也是一件常态化工作。

实战中，笔者曾要求所有员工在晨会后参与巡店，产品卫生也交由员工负责。全员在巡店和清洁的过程中，都能近距离接触产品，从而发现样品的磕碰、划痕、配件缺失，以及工艺结构损坏等瑕疵，随后做到及时报修。

样品维修后，在店面样品维修记录表内就记录相应的维修详情，这是为店面所有维修的样品留有背书，避免在后期销售样品时，由于不知情导致客户产生异议。实战中，笔者就处理过类似的案例，店面在不知情的情况下将样品当作新品销售给了客户，结果被客户发现，产生了负面影响，对品牌和店面而言可谓是得不偿失。

二、样品出入库管理

样品出入店面手续必须完整，每月对店面样品开展不定期的盘点，确认信息无误。店面建立样品上样和撤场的规范流程，上样和撤场工作都能确保有章可循，从而避免带有明显的个人主观色彩。完全根据自己的喜好选择样品的做法，往往就会造成产品滞销和积压，正确的做法应当是让销售团队来主导，由他们给出产品上样和撤场的理由。

1. 上样

强调上样产品的合理性，探究产品的上样原因，慎重选择参与决定的人员，这样做是为了店面完善展陈结构，确保出样产品事先经过设计师和销售部门的一致确认，并经过管理者审核，最终根据资金情况选定上样时间。

为了避免后期产生多余的产品，或是为了处理仓库内暂时不需使用的产品，店面在确保展陈效果的基础上，应优先使用仓库内的现有产品，实在无法满足时再下单订新。这需要店面设计师具备一定的调场能力，能调剂好店面现有的产品组合。

上样新产品一般源于销售团队的建议，并受到进店客户对展陈效果的各种反馈信息，做法虽然值得肯定，然而对于新上样产品，店面必须跟踪一段时间的销售数据。如果销售情况一般，就应当总结原因，调整展陈状态，同时避免后期再次发生类似的问题。

2. 撤场

为避免店面样品出现不受控的撤场，因此管理者不能凭着自身的喜好，想撤就撤。一旦撤回仓库，往往就容易形成产品积压，因此建议管理者对撤场产品多问几个为什么：当初为什么上样？现在为什么撤场？管理者要监控样品撤场的决定，避免不必要的利润损失。

任何人从店面提取样品时，除了确保产品无误以外，还应统筹好时间，尽量避免店面出现空场的现象。即使是要处理掉的样品，在没有其他产品可以替代的情形下，仍须设法将房间调整出最佳的展陈状态。

3. 清样

相比较于撤场退库，清样销售是更好的选择，但店面不能毫无章法地清样。一般来说，店面针对实木和沙发样品，会根据上样时间，采取不一样的折扣进行清样。这是确保店面及时更新、优化展陈效果的主动清样行为。

确保所有销售顾问都了解产品的清样原因，确认清样产品是属于滞销品，停产品，还是有瑕疵的非正品；能否为它们提供维修；清样产品能够送货的时间以及具体的替代产品，等等。

为此，店面清样时要有做到两个避免：第一，避免空场。产品清样后，要最大程度地保证店面效果并及时调整，不能影响店面销售。第二，避免后期纠纷。须与客户一起检查样品的状态，并在订单上标识具体的产品状态，注明"店面样品，不退不换"之类的字样。样品送货前，须仔细检查，确保产品内不会出现任何遗留物品，如价签和维修记录等，从而保证客户满意度。

为了确保仓库与店面之间调拨流程的规范性以及数据的准确性，在对待店面上样、清样、撤场这3个环节时，在制度中就要规定相应的衔接责任人和时间要求。

第四类管理
产品订单管理

一、订单三检制度

订单三检可以规避因订单错误产生的退换货，间接控制不良库存的产生。所谓订单三检，是指客户下单后，销售顾问要对订单内的产品详情（包括但不仅限于产品的型号、编码、涂饰、面料等细节），做到不少于3次的检查。

第一次检查：客户下单与店面向工厂下采购单之间的这段时间内，销售顾问对照着客户的实际需求进行检查。

第二次检查：工厂发货前，客户还会存在更改产品的可能性，此时"刹车"还来得及，因此销售顾问须再次检查订单，核对产品的调整信息。

第三次检查：客户送货前，检查产品是否完全到货，及时掌握未到货的原因，避免货到客户楼下时才发现异常。

这样的自检能引起销售顾问的重视，避免他们因为自身疏忽而导致退换货，或因为处理不及时，降低了客户满意度，因此订单三检要变得常态化。

二、过期订单管理制度

过期订单指的是客户推迟原定送货时间的订单，产生过期的原因不外乎客户更改时间、工厂缺货，或是销售顾问为了占货而采取投机行为，等等。过期送货，看起来并不严重，但却会影响工厂的生产线，也会影响店面的提货和备货时间，从而降低了两方的库存周转率。

为了避免产生过期订单，店面应当在不影响客户满意度的前提下，主动对订单送货时间进行严格的内部管控，规定每张订单更改送货时间的次数，以及每次更改的最长延期时间。这样做的意义是引导销售顾问主动关注客户的送货进展以及订单产品的到货情况，只有在这种管控意识下，订单数据才会健康，库存数据才会良性发展。

第五类管理
产品退换货管理

订单产品的退换货，不可避免。通常，店面的退换货制度不能逾越国家的法律，因此必须以国家"三包"政策为基础。当然对于特殊定制的产品可以区别对待,所以在订单中必须明确标识相应的退换货条款,同时务必尽到提醒义务,着重向客户说明重点条款,减少后期纠纷。

至于退换货的内部制度,首要的原则是快速响应客户需求,客户满意度永远排在第一位;其次是加强管控退换货风险,明确操作流程,以及申请人、审核人、检查人的权利和义务。流程必须要求确定退换产品的具体状态后,才能操作换货或退款。

退换货制度少不了总结,因此,当退换货结束后,应当及时围绕两个方面进行总结。

其一,防微杜渐,总结发生退换货的原因。一般原因可分为品质原因和非品质原因。品质原因的退换货,是产品在"三包"期内产生了质量问题。非品质原因的退换货,是由于客户原因或店面非产品质量原因引起的退换货,比如产品交期错误、订单错误、违规承诺、送货异常等等。

其二,总结退换货责任人的退换货总金额和数量。对于以上非品质原因导致的退换货,店面应结合退换货统计表向销售顾问不断灌输积极处理退换货产品的意识,完善相应的内部销售和服务环节,最终通过制度加强退换货的管理,降低退换比例。

第六类管理
产品价格管理

关于产品管理,不仅只有库存这一个维度,价格也是产品管理的一个重要维度。不可否认的是,造成产品积压的原因当中,产品定价的原因也不能被忽视。

家具产品具有高单值的特点。大多数消费者对价格自然非常敏感,再加上当前的竞争日趋白热化,无论是对工厂还是对店面而言,理性、科学的产品定价至关重要。

一、主力产品合理标价

产品定价前,店面对同城竞争对手的产品价格须有所了解,这并不意味着一味地去参考对方的价格体系,完全跟着对方也是不可取的。

客厅和卧房的地位非常重要,客户肯定会在市场上认真比较它们的价格。实战中,通过市场调研,了解竞争对手的客厅、卧房家具产品的基本售价,尤其是竞争对手热销的沙发和床这两种主体家具的价格,以及选择必配产品后的组合价格。

研究竞争对手存在着明显不合理售价的产品,比如床头柜和床之间的价格比例。当有所了解后,店面就可以参考着设计自己的产品价格体系,并研究针对性的话术,在遇到相互竞争的客户时,店面就可以轻松对应。

二、敏感类产品标底

为了体现店面产品价格的合理性,针对大众化产品,价格要适当标低。一只相框、一幅挂画,客户很容易从材质、工艺就能判断出它的价值。在没有强大的品牌背书的情况下,对于这类产品,店面不能把价格标得过高,因为这样做,会让客户联想到家具的溢价比例,从而导致客户的还价幅度会加大,店面的销售难度也会随之加大。

造成客户难以成交的原因,有时候也是店面自身在定价细节上处理得不够周全,留有瑕疵。

三、产品的销售折扣政策

折扣政策除了与工厂倡导的定价原则有关以外,还与各地的消费习惯有关系。有些地方,客户的消费习惯于高标价、低折扣的方式,高标价意味着产品的档次不低,低折扣意味着价格已经到底了,客户容易获得满足感。还有些地方,客户的消费习惯于低标价、高折扣的方式,即所谓的明码实价。这能让客户觉得产品的价格很实在，不容易上当。

关于两种价格政策的利弊，只能"仁者见仁，智者见智"了。笔者看来，明码实价的做法会更好，因为随着信息技术的发展，家具行业的价格越来越透明，所以保持一个合理的价格水平和相对透明的折扣体系，才能真正赢得客户，赢得未来的市场。

明码实价并不代表着就没有折扣，没有一点优惠也是不现实的。如何制订具体的折扣呢？店面应先确定合理的毛利率目标，在核算的平均折扣率的基础上，为每件产品制订出一个合理的零售标价。店面随后根据客户订单金额的大小，制订阶梯形的折扣政策，一视同仁地对待每一位客户，减轻双方讨价还价的障碍，侧面也能赢得更多客户的认可和转介绍。

四、特价产品政策

特价产品是用来吸引潜在客户、促进成交的，但毕竟销售的是家具，所以店面并不是每周都需要有特价销售的产品。不过在特定情形下，为了达到某种目的，针对特价产品的促销也必不可少。

① 店面为保持与老客户的联系，应定期推出特价的小件产品，吸引老客户补单，以此创造出老客户再次进店和转介绍的条件。

② 店面为促进成交而设计的组合套餐产品，通常以某些特价产品为主进行组合，或是根据客户订单灵活推出特价产品组合，以此锁住客户订单。

③ 根据工厂定期生产的爆款产品，店面开展指定产品的特价销售活动，增加销售额和客户群体。

④ 样品和清仓类产品，店面势必会特价销售，管理者或许担心这会影响到后期的折扣体系，毕竟折扣是把双刃剑，一有不慎就会伤到自己。对于这类产品要细化更多的信息，例如是否停产、热卖程度、金额大小、清仓的急迫程度、产品本身的百搭能力等等，这些是制订特价折扣的必要参考因素。对于样品和清仓类产品，最好还是实行"一物一价"的形式，避免采取笼统折扣的粗线条做法。

第七类管理
优化产品管理岗职能

一、产品管理岗的日常工作要点

工厂和店面都会设立订单管理岗或商务计划岗,这个岗位的工作内容主要是统筹销售订单内的产品。这个岗位对产品的流转能起到关键作用,如果员工有较好的协调能力,可以为店面避免隐形的浪费。因此,期望这个岗位发挥出最大的价值,就需要为他们规划好日常工作的要点。

笔者总结出一些基本的内容,可以帮助店面在制订该岗位的职责时带来一些参考思路。

① 与销售顾问核准客户订单内产品的准确性,避免产品发生错误。

② 跟踪店面在产订单的详情,重点关注缺货产品的生产状态,及时将信息以表格的形式共享给店面,以便销售顾问在与客户沟通前就能掌握相关信息,避免信息滞后导致客户的异议。

③ 收集、汇总客户的送货时间,每月底整理出次月送货客户表。根据店面的资金使用情况以及运输时间,合理统筹好提货顺序和运输方式,避免人为原因导致费用增加或仓库爆仓,影响库存周转率。

④ 监督产品出入库的数量和状态,避免产生偏差和产品损失。

⑤ 监督订单送货时间的更改情况,避免出现多次更改。重点关注一周内送货订单的详情,避免同一客户出现多次送货,合理安排当天的送货路线,控制送货成本。

⑥ 跟踪库存变化,定期向店面分享正品和非正品、订单的到货产品和缺货产品,以及消化掉的积压产品等数据。

❼ 每周向销售部和设计部门提交产品库存清单表，以便店面能充分利用。根据库存清单详情，梳理出所需订单，尽量优先匹配消化。

❽ 确保每位销售顾问都能掌握各自订单内的产品在仓库的详情，以及各自所占用的产品情况，包括删单、退换货产品的占比、产品存储的时间。

❾ 聚焦降低库存、提高周转率，不断总结消化积压库存的经验，不定期地策划清仓活动。

二、产品管理的表格

店面管理者或是订单管理岗员工，在面对产品变化时，应当具有数据意识，使用表格工具进行管理。下面列举了店面每周、每月产品管理的实战表格，以供大家转化使用。

1. 产品销售结构表

产品销售结构表								
销售时间段	___年___月				___年___月			
系列	销售金额/元	数量	展陈数量	展销率/%	销售金额/元	数量	展陈数量	展销率/%
A								
B								
C								
D								

这张表针对每月销售数据，按系列进行分类统计，计算各自的销售占比。它被用于指导店面样品结构的优化，以及分析销售顾问的销售习惯。

2. 每月库存分析及建议措施表

每月库存分析及建议措施表					
库存类别	上月金额/万元	本月金额/万元	下月消化目标/万元	产生原因	改善建议和消化措施
订单库存					
无主正品库存					
无主非正品库存					

订单管理岗员工每月底应向店面提交表格，重点分析当月库存数据的变化信息，比如新增库存数据及产生详情、当月实际消化库存与目标的差距，从而提高所有员工的去库存意识，执行好店面处理积压库存的措施。

3. 月度送货计划跟进表

月度送货计划跟进表												
序号	预计送货时间	销售顾问	订单号	客户姓名	联系方式	楼盘地址	送货金额/元	尾款情况	原定送货时间	产品是否齐全	实际送货时间	未送货原因
1												
2												
3												
4												
5												
6												
7												
8												
9												
10												
11												
12												
13												

月底整理所有待送货订单，由销售顾问或客服收集客户的送货信息，每周保持更新。若遇延期送货的订单，必须备注延期原因，并更新送货时间。

根据月度送货计划跟进表内的实际完成情况，汇总送货订单的数据准确率，逐一分析导致送货准确率发生偏差的原因，并制订出改善措施。

比如因为销售顾问未能及时跟踪客户，导致临时更改送货时间。此时，这份表格反馈出来的信息就能起到一定的作用，合理评估销售顾问成交后维护客户的方法和态度，找出待完善的地方。实战中，笔者通过以下几个硬性要求来提升销售顾问的送货准确率。

❶ 认真填写已成交客户的跟踪内容，重点关注有可能影响送货的情形。

❷ 每月底分析影响当月的送货计划准确率的原因，并上报次月的送货计划。

❸ 当订单更改的时间或次数达到一定程度时，店面会调剂订单内产品。

通过所有销售顾问提交的这份表格，分析出全店每个月的实际送货金额与计划送货金额的占比，这样可以为店面在后期预测送货金额时提供数据支撑。

许多店面要求销售顾问提前3天跟客户确认具体的送货时间，但对于店面精细化管理而言，时间偏短，因此建议至少提前一周确认，对于较大金额的订单更要认真对待。

4. 积压产品共享库存表

店面每周更新这张表格内的变化，比如每件产品都要有图片、尺寸、数量、具体型号、来源地、产生原因、状态、到期消化时间、具体折扣和具体消化措施。

这张表格就是为了将库存变化的原因及时反馈给所有员工，让大家掌握具体的库存信息。店面持续的关注，也能引起员工的重视。此表由积压产品所在店面填写。

店面名称	产品名称	图片	材质	颜色	库存件数/件	入库时间	积压原因	责任人	产品状态备注	店面判断损伤级别	性质：停产、滞销、在售	店面单售、整配意见	是否提供修复	销售完成可送货到的时间段	店面建议折扣/%

积压产品共享库存表（更于___年___月___日）

日常经营中，管理者在每周销售例会上，检查员工掌握库存变化的熟悉程度。销售顾问更应当打印这份表格，作为一件销售工具，方便向进店客户进行推荐。

5. 产品退换货统计表

日期	销售顾问	订单号	品号	价格/元	产品描述	原因	经验总结	后期处理方法	结果	备注

店面统计并更新一周内退换货信息，纵向比较销售顾问的历史退换货数据，找出容易产生退换货的责任人，分析其中的原因。计算各自的退换货金额与本月实际销售额的占比，分析销售顾问的销售习惯。

对于退换货的产品，应责任到人，原则自然是谁产生的退换货，谁就应当承担消化的责任。这张表格作为店面核查消化结果的工具，销售顾问因此会加大重视，避免产品在退换货结束后，一直被滞留在仓库，没有追溯就容易形成积压。

6. 店面出样清单

这种清单比较简单，笔者不再提供模板。它通常被用来监督产品的出样理由，掌握样品进店时长和适时状态。样品通常需要适时更新，以便店面展陈出最佳的产品状态。除了核查出样产品的合理性、对出样理由进行把关以外，这份清单也能督促店面及时调拨样品，尤其是从仓库调拨至店面，把控好时间，提高库存周转率。

对于一城多店的品牌来说，店面出样清单可以帮助大家实现样品库存信息的共享，在没有销售系统的店面，原始表格能为店面高效作业带来帮助。清单为一物一价的样品促销提供了依据，店面根据样品进店时长和具体状态细化出不同的折扣率。

三、产品管理的信息化工具

如果店面没有借助于信息化工具来管理产品，一切还得靠人力，那么店面想要一些产品真实的动态数据就很困难。这会影响店面的工作效率，也会造成其他成本的浪费，甚至还会影响店面响应市场的速度。

产品管理的信息化工具，常见的是仓储管理系统，它能帮助店面随时掌握每种产品的库存状况，以及每张订单与产品的对应关系及动态变化。

在仓储管理系统里，店面应根据自身需求设计出所需的信息模块，比较常用的是以下3种：

❶ 产品进销存数据模块，它能帮助店面分析在库的库存数据，自动监控库

存产品的数量变化，设定库存产品数量的安全范围，一旦超出范围时，系统就会自动提醒。

❷ 产品库存报表模块，它能自动生成产品的出入库分析表、产品库龄分析报表、库存分析表等等。它可以分层级提供给店面不同的人员进行查看和使用。

❸ 产品追溯模块，它负责追踪所有产品的运转过程，帮助店面跟踪好每一件产品和每一张订单。

利用信息化工具来进行产品管理，势在必行！

第六章
人才的可持续发展

　　家居零售店面洗牌的过程中,首先会淘汰掉一些滥竽充数的品牌,其次会淘汰掉一些没有精细化经营的店面。确保不会被淘汰的因素,资金和品牌并不是全部,不可忽视的还有人员。

　　合理的人力资源能稳定店面的业绩,然而有潜力、能支持可持续发展的人力资源才是店面取得发展的关键。如果店面发展停滞不前,甚至出现了倒退的情形,就店面自身而言,就必须正视人力资源的现状。

人员管理要点一
审视人力资源现状

任何事物都有一个高低起伏、抑扬顿挫的过程。辩证唯物主义学者也认为事物的发展是一个过程，一切事物只有经过一定的过程，才能实现自身的发展。自然界、人类社会和思维领域中的一切现象，都是作为一个过程而向前发展的。

一家企业、一家公司，再到一家店面，它们都是由一个个团队组成的，也必然会经历一段段发展过程。既然如此，店面的团队就不可能一成不变，它总是呈现着一种螺旋式的进步趋势：成立，动荡，稳定，高产，再动荡，再稳定，再高产。店面要想实现更高的目标，需要的是相对稳定而不是固化的团队。

表面上的平静其实蕴藏着危机，团队成员在一起的时间长了，会自然分解成若干个小团队，具有管控意识的管理者，对此会很敏感，会有意识引导这些小团队朝着正确、健康的方向前进。倘若视而不见，久而久之，团队成员会习惯用自身的想法来判断店面的事务。在这种团队氛围中，店面正确的决策往往得不到有效的执行，因为小团队的思想会形成聚合的力量，他们或沉默，或暗地里对抗。因此，不破不立，店面做出主动的调整势在必行。

在调整前，管理者首先应理性审视店面当前的人力资源状况，这将决定着调整的方法，也决定着店面今后的经营发展思路，具体从以下5个方面去审视。

一、审视年龄结构

团队成员的年龄是否呈阶梯形结构？是否符合行业内的年龄要求？团队核心成员的年龄又在哪个阶层？

大多数管理者，一方面认为员工年龄的大小与能力和经验值有着直接的关系，认为年长员工是团队的基石；另一方面又希望团队成员越年轻越好，因为年轻员工代表着新生力量，他们有活力和发展的潜能。因此，管理者很容易做出这样的假设：这些年轻人能像年长员工一样，具备丰富的经验，行事稳重，还饱有智慧，显然这是理想化的假设。事实上，这种情况出现的概率少之又少，也并不是所有的岗位都适合年轻人。

审视团队成员的年龄结构，就是统计团队成员的年龄占比，了解年龄的趋势，因为这与团队成员吸收新知识、接受新鲜事物的能力相关，也与岗位匹配度和工作体能负荷量相关。

联想到马云先生在湖畔大学的讲话："小公司的成败在于你聘请什么样的人，大公司的成败在于你开除什么样的人。大公司里有很多老白兔，不干活，并且慢慢会传染更多的人。"老将不在于多，在于精，在于能够起到榜样作用，身上不会自带"病菌"，更能起到稳定军心的作用。士气涣散的老将即使本意不坏，但潜移默化中会影响团队的发展，更有甚者会在团队内造成工作上邪风蔓延。

该怎样判断这种现象呢？管理者可以试着观察中生代员工面对问题时的态度。他们与老员工沟通工作或是参加会议中，存有不同的意见时，敢不敢发表并坚持自己的想法。如果他们并没有这样做，有可能就是心理存有负担，显然年龄结构制约了团队的发展。中生代员工能抗住各方面压力，与团队保持一致的发展观，这至关重要，更别忘了，他们还是低年龄段员工的榜样。

对于一家零售店面来说，综合一线和二线的员工，理想化的年龄结构应当呈橄榄球形状。橄榄球一头的尖端，代表的是具有丰富的工作经验、能做决策的老员工。中生代员工位于橄榄球的中间段，他们迫于生活的压力，拼劲十足，而且成熟度也在逐步提高。另一头的尖端是那些低龄员工，他们刚刚涉足这个行业，需要经过培训和磨炼，才能有上佳的业绩表现或被委以重任。

中生代员工数量多，才会在内部产生竞争，大家会不断激发自身的内在驱动力。有危机感的团队即使处于外部市场，也具有很强的竞争力。

二、审视岗位能力

审视员工在各个时间段的工作结果和具体表现，评价他们能否完全履行岗位职责,当然审视必须遵循客观事实,而不是来自自己的主观臆想。理性的评价过程不复杂,但需要时间,也需要管理者的用心,忌讳的是带着个人喜好,以及一成不变的观点。任何时候都要借助一些专业的材料,比如全方位的调查问卷、正式面谈的留档文件等。如果店面在发展初期就已经意识到这些材料是客观评价员工岗位能力的组成部分,那么这项工作就会变得简单。

审视岗位能力是如何被运用在具体的工作中的呢?

实战中,如果需要一位新店长,可以选择外部招聘或内部提拔。大多数管理者肯定希望能够内部提拔优秀的员工。这种想法无可厚非,只不过在提拔时,首先出于对成熟度的要求,需要考虑对方的年龄和工作经验;其次应结合该员工在现有岗位上表现出来的能力,毕竟这与店面的未来息息相关。

为了评价员工在现有岗位上表现出的能力,就应去审视他们的日常行为和工作成果:用以往的业绩来评价其销售能力,用成功培养新人的经历来评价其业绩指导的能力,用对待身边同事的态度来评价其沟通协调能力,用客户对他的评价来评价其服务意识,等等。

由此可见,评价一位员工的岗位能力,有着多个维度。当然,岗位不一样,评价的维度也必然不一样,因此店面应该设计出不同岗位的能力评估表,时间可以让事实逐渐显现,在此之后,店面要做的就是不间断地收集和分析这些信息。

这里以店长的岗位能力评价表为例,看看需要的信息有哪些。这份表格涵盖了多个维度,每个维度都有对应的分值,分值大小则是根据店面不同阶段的侧重点来区别设置的。

为员工创造出更大的空间去施展才华是有必要的,管理者应就店长能力评价的结果,为对方谋划发展的空间。既然有平台,也有发展的空间,可是员工成长的速度仍然缓慢,这究竟是因为他们缺少能力,还是缺少机会呢?通过审视岗位能力能帮我们减少选择的困惑。

零售店面店长的岗位能力评价表　　　（第XX期）时间：

序号	胜任要素	须达到的水平或须具备的能力	来源依据及评价标准	分值/分	得分/分
1	销售	①每月对于目标任务的达成情况； ②对销售顾问的销售水平的掌握能力	下达至店面的每月销售指标达成率、每月的次月待下单预判业绩的达成率		
2	专业	①能为到店客户进行详细热情的产品介绍和方案设计； ②根据客户的需求，帮助客户协调设计师测量出图等； ③能做好销售前期的沟通，包括产品配置、方案起草、跟踪服务、回访，并能制作空间产品布置及色彩搭配的方案	养成定期的业务能力考核习惯		
3	综合管理	①能在团队内部建立起良性竞争的环境，同时亦能积极帮助销售顾问开展销售工作，促进成交； ②负责监督工作，督促销售顾问对工作日志、每周销售报告、每周客流统计进行填写； ③对于店面和仓库内的产品，能有管控意识，以提高产品的使用效率	销售表格的统计，分析问题并加以解决，店面各种制度的建立，以及定期的会议纪要		
4	培训和业绩指导	①定期对店面员工进行培训和考核； ②及时传达公司最新的产品信息、活动方案和管理制度等	定期对其下属的能力提升情况进行摸底，以及由下属来评估培训方式和内容的有效性		
5	分析	①定期汇总销售顾问的接待、维护和成交情况； ②对未成交客户和成交客户做数据分析报告	结合销售数据，以及各种工作会议，尤其是管理例会时的发言内容及提出的改善建议内容		
6	判断	能准确判断既存问题，并提出合理的意见	从一些重要问题的沟通结果来评估，属于合理建议的数量		
7	自我学习	①加强产品知识、销售技巧的学习演练； ②提升个人的管理能力，提高店面销售业绩	保持住自我提高的要求，而并非只关注在权力层面		
8	沟通协调	①能意识到其他部门的重要性，熟悉店面经营过程中的各方面的处理流程； ②与财务、客服、人事、物流等各部门能有良好的沟通	日常中能将发生的问题，以清晰的思路与员工进行讨论，并提出解决意见；由其他部门进行评价		
9	细节管理	根据店面五维一体的标准，能充分关注店面经营过程中的细节，包括产品摆放、服务设施的维护，空间的复位意识、员工形象和店面VI标准等	第三方定期的店面巡店报告和评分		
10	服务意识	①提升老客户的维护数量，及时协调和处理解决客户各类投诉； ②挖掘出更多的增值服务内容	老客户的新增数量、转介绍的提升比率、解决投诉的成功率		
		综合得分：			

注：满分100分，店面根据不同的侧重点来细分以上各项分值。

三、审视专业能力

事实上，店面不少员工并没有从事自己本专业的工作，大部分销售顾问所学的并不是销售专业或设计专业。为深入了解，管理者应梳理员工的专业和工作的吻合度，侧面了解一下员工对目前工作岗位的满意度。

有些员工会觉得这只是一份临时的工作，他们对销售并无兴趣，店面即使想要培养和提升他们的销售能力，也会比较困难。还有一些员工，目的就是找到一份稳定的工作，其他事情根本不会认真考虑。为了店面发展，管理者不得不针对员工的专业结构进行深入的梳理。

除销售岗位，完整的店面还有其他岗位，所以应着重梳理以下几个数据：

❶ 从事着与专业对口工作的员工数量，以及他们占全部员工的比例。

❷ 从事着自己乐于接受的工作、满意度相对较高的员工数量，以及他们占全部员工的比例。

❸ 认为自己有必要更换岗位才能发挥工作潜能的员工数量，以及占全部员工的比例。

以上梳理出来的结果，再结合日常专业知识的考评，这样对员工专业能力的调查就会做得更全面细致，结果也会更加准确。

四、审视工作背景

审视员工的工作背景，主要是了解员工以前从事的行业、从业年限以及前任公司的性质和规模，原因如下：

❶ 以往的工作经历都会给员工带来挥之不去的印记，他们甚至会以此来评判现在的工作。

❷ 以往的工作经历能反映员工加入店面的原因，这样有利于判断他们的职业规划与店面发展的吻合度。

❸ 以往的工作经历能侧面反映出员工的忠诚度，毕竟管理者会担心他们半途离职。

④ 以往的工作经历有助于管理者掌握员工所具备的职业素养，评判他们的职业素养与品牌定位是否相符，能否胜任工作，并与店面未来的发展相契合。

五、审视文化素质

团队成员之间的文化素质肯定是各异的，有高有低。管理者应对员工文化素质进行认真的调查，并且做到了然于胸，根据不同的文化素质，来开展针对性的培训，以此区别提高他们的能力。

有一部分文化素质高的基层员工，或许因为不会表达，也或许因为管理者缺少发现，他们不显山不露水，一直在普通岗位上默默付出，这对于店面而言，这也是无形的浪费。及时梳理员工的文化素质，能帮助管理者准确把脉，挖掘出默默无闻的人才，从而提高团队的整体能力。

案例　美克美家的人才选择

美克美家的品牌形象时尚、有朝气，在选择员工前，就基本确定了员工职业要求的基本框架。

美克美家将销售岗位定义为设计顾问，从这一点就能说明在这个岗位，它与行业内的销售顾问或导购员有着明显区别。

先看一下设计顾问岗位的任职要求：

① 本科以上学历，有良好的沟通与表达能力，自信的销售意识与谈判能力；

② 热爱生活，喜欢接受有挑战性的工作，能承受较大的工作压力；

③ 气质形象佳，女性身高160厘米以上，男性身高172厘米以上；

④ 有高端家居用品或奢侈品牌专卖店、设计行业、汽车或房地产零售经验者优先。

这些要求能否满足销售岗位的需求呢？再来看一下设计顾问的3个重

点职责:

❶ 捕捉客户置家需求，达成高端家具及家居用品的销售;

❷ 深入了解客户生活方式，为客户提供专业的个性化软装设计，并通过设计使家具及家居用品呈现客户满意的效果;

❸ 与客户形成长期稳定、良好的互动关系，成为客户值得信赖的设计顾问，持续提升客户满意度，维护品牌美誉度。

从以上描述来看，这3个重点职责可以总结为客户接待、设计服务和客情维护。

一般认为既然招聘的是设计顾问，任职要求就应该要求应聘者有设计工作或设计专业的背景，然而该招聘启事却没有这方面的要求，而是着重提到了有高端家居用品或奢侈品牌专卖店、设计行业、汽车或房地产零售经验者优先。

这是为什么呢?

原因在于：美克美家从分析现有员工的工作背景中总结到经验，选择这几个行业的员工符合品牌的定位，也能满足销售的需求。由此可见，通过对现有团队中表现各异的员工进行工作背景的分析，能为店面在后期选用人才提供参考依据，防止盲目走偏。

注重标准化的店面，在选用管理者时，会优先考虑具有在标准化程度较高的公司内任职经历的员工，因为他们更容易理解标准化的意义，会与店面同处一个频道上共振。发展初期的美克美家非常注重标准化，在选择管理者时，会优先考虑来自肯德基、星巴克、屈臣氏的员工，因为他们懂得标准化，更因为他们会引导整个店面高效地执行标准化。

审视完店面现有的人力资源现状后，如何提升完善，最终还是要落地到员工的"选、用、育、留、离"这5个管理维度上来，况且店面人力资源工作的核心就在于此。

人员管理要点二
选人的4个重点

店面不管大小,都是一个组织,必然应有相应的架构。发展初期,店面或许受制于自身的规模,在确定架构时,没能契合自身的发展目标和行业的发展趋势,但这并不妨碍管理者去认真梳理店面的架构关系和配置标准。

一个完整的架构中应有明确的岗位关系,从而规避岗位在责权利上的重叠,减少团队信息阻塞和决策滞缓等现象,提高管理的时效性。

配置标准应围绕着店面业绩指标和岗位需求,结合日均客流、合理的人均产能标准这两组数据,设定具体岗位上的人员配置数量,以及一线和二线员工之间的数量比例。

一、规范人员需求

人员需求方应根据店面人员编制和人员流动情况填写职位空缺申报表,提出招聘需求,结合店面实际情况,细化具体的需求内容,比如考量男女员工在店面的搭配比例,明确所需员工的性别。这样一个过程,能让需求方切实参与到具体招聘中来,而不是完全将招聘的工作交给人力资源部门。

职位空缺申报表内应明确员工的到岗期限,避免需求方受种种因素的影响导致需求得不到及时的满足,从而影响自身部门的工作。出于精细化管理的要求,招聘原则里会根据各岗位的重要性来规定相应的到岗期限。

招聘方则应根据具体的人员编制,审核招聘需求的合理性,适当参考店面的实际经营情况,积极回应需求方。

二、设计高效招聘流程

1. 将应聘者当作潜在客户去对待

不能只将招聘简单地看作筛选并留下适合岗位需求的人员，而应当通过高效的招聘行为，达到推广品牌文化和服务理念的效果。面试官的形象、言行举止、招聘话术，甚至是宣传资料，无不在向应聘者推广着品牌。

应聘者会通过面试官表现出的细节来感受品牌带给他们的第一印象，毕竟招聘是一个互相选择的过程，对方能来面试，自然想要接受这份工作，但往往有些应聘者在经历过应聘后，反而拒绝加入公司，这种结果很令人失望。遇到这种情形，补救措施是礼貌询问原因，做好记录，并备份好拒绝者的面试资料。

2. 如同客户成交一样的高效快速面试

根据岗位重要系数确定面试层级，为高效起见，原则上以3次面试为限，对于零售店面而言，两级面试的效率更高。人事部门和用人部门联合初试，这是为了减少面试的层级，其实也考虑到两个部门各有所长，且对应聘者的关注点也各有侧重。联合初试能得到较为全面的反馈结果，从而减少误差。复试则由上级管理者检验初试的反馈结果，并站在更高层面上进行面试，行使最终的决定权。

针对不同岗位的人员，面试方式也不同，一般来说，面试和笔试相结合更为科学，也能体现出管理的正规化。

假如店面招聘销售顾问，优秀的应聘者身上往往带有销售特质，他们通过面试来判断这个团队的工作氛围与自身是否相符。如果面试流程烦琐、时间冗长，或者面试官询问一些不恰当问题，他们通常会选择拒绝加入。

人才竞争，实际上与市场竞争类似，都强调快速、准确，动作一旦迟缓便会贻误战机。你看到的人才，别人也能看到，所以店面应以最有效的手段，在最短的时间内留住所需要的人才。绝不能像衙门一样高高在上，机械地处理人才需求，那样只会将人才推向竞争对手。

三、描绘员工脸谱

任职要求只罗列了应聘者能够胜任岗位的基本内容，如果增加优秀员工的形象描述作为参照，就能更好地帮助店面选择出最合适的员工。

员工脸谱是店面在综合分析优秀员工后完成的人物画像，它帮助店面寻找到同样优秀的人。

销售冠军是培养出来的，更是选出来的！选择对的人，比后期培养更重要。想要从众多的应聘者中选择出未来的销售冠军，最好的办法是参照销售冠军的形象去招聘，去寻找有"冠军相"的人。

以销售冠军的员工脸谱为例，笔者罗列了10个方面的内容。

❶ 年龄和文化程度，代表着学习和接受新鲜事物的能力。

❷ 星座，不仅隐藏着性格特征，还隐藏着成为销售冠军的可能性。通过大量的数据分析得到，白羊、狮子、摩羯和天蝎四大星座的员工里诞生销售冠军的概率更大。

❸ 敏感度，是精准把握客户核心信息的能力，能捕捉到潜在的销售机会。

❹ 沟通能力，能为了说服客户做充足的准备，而不是使用花招。

❺ 自律性，严格执行店面制度，通过作息规律以及工作时间里的爱好折射出日常的自我要求，自律性高的员工通常具备充足的上进心。

❻ 压力感，源于现实生活中的状态，已经存在的生活压力能激发出旺盛的斗志。

❼ 协调和统筹能力，也就是个人处理问题时的情商，销售冠军具有高情商，既富有弹性，又讲求原则。

❽ 仪容仪表，个人穿衣打扮具有干练的形象，又有亲和力和专业力兼具的销售气质。

❾ 勤奋度，指积极主动并愿意为他人付出，乐于承担更多的工作内容。

❿ 团队意识，销售冠军并不只是属于一个人的荣誉，能怀有谦卑的心态，配合他人工作，良好的团队意识能让人快速地融入团队。

四、运用完善的招聘工具

1. 招聘文案

不要忽略招聘文案对招聘工作带来的帮助，一份优秀的招聘文案，具有吸引力强的主题和完善的内容，除了介绍自身品牌或店面的优势外，也会注重展示应聘者关心的问题。

为提高招聘的效率，第一步就应筛选掉不合格的应聘者，因此招聘文案需要详细描绘招聘岗位的任职要求和工作职责。

福利待遇是应聘者最为关心的，除了薪资结构的介绍以外，还要有休息、团体建设和专业培训等丰富且完善的待遇内容。有特点、有差异化的福利待遇能提高招聘竞争力，因此，应在这里精心设计。

2. 应聘登记表

应聘登记表并不只承担着登记应聘者信息的作用，它还能为招聘方选择人才提供一些参考信息。"字如其人"的说法并不绝对，但应聘者字迹书写的工整程度，能反映出应聘者选择这份工作时的态度。

在确保填写的应聘登记表内无遗漏信息后，应聘者需要签字确认，代表着他对填写内容真实性所做出的承诺。

所有应聘者填写的表格都应当被招聘方妥善保管，统一留存于人事资料袋内，因为对于那些面试不成功或拒绝加入的应聘者，店面在后期仍有可能需要他们的信息。

另外，应聘登记表也是面试时的工具之一，面试官可以在这份表上详细记录应聘者在面试过程中的表现。

3. 面试评价表

人力资源部门和用人部门需要根据应聘者的面试表现进行打分，并写出相应的评价，这是对面试过程一种负责的态度。

面试评价表					
姓名		性别		出生年月	
应聘部门			应聘岗位/职务		
评分	1 2 3 差		4 5 6 中		7 8 9 差	

评估项目		第一次面试		第二次面试	
		评分	评语	评分	评语
人力资源部门评估	仪容仪表				
	教育与培训				
	沟通能力				
	自信心				
	工作稳定性				
	领导能力（如果需要）				
	外语 英语				
	外语 其他				
	电脑操作技能				
	总体评价				
用人部门评估	相关工作经验				
	相关知识				
	对应聘岗位认知				
	智慧/判断力				
	其他				
面试意见					

新员工进行入职培训前，管理者和培训讲师可以结合这份表格内的面试评价，对他们进行前期的了解；在培训过程中，重点关注他们所表现出来的能力是否如其所述。

试用期内新员工离职很正常，本着对面试结果负责和纠错的态度，人事部门应统计这种离职的数据，结合面试评价来分析原因，反思面试过程，以及培训和任用新员工的过程。

五、合理运用招聘方式

店面比较常用的招聘方式有提拔晋升、公开竞聘、网络招聘、人才市场招聘等,笔者通过以下内容简单分析这几种招聘方式的优缺点。

1. 提拔晋升

优点:成功者的榜样作用对于激励其他员工非常有利,他们会感受到自身发展的希望。另一方面,内部晋升的员工对店面的情况和工作流程相当熟悉,他们能很快地适应新工作。

缺点:部分员工可能会有"他还不如我"的想法,从而产生负面情绪。每个人都不是十全十美的,一个人在团队里的时间越长,别人看到他的优点越少、缺点越多,尤其是在他被提拔的时候。因此,管理者要做好准备工作,对其他员工的心理变化要加以重视。

2. 公开竞聘

优点:有利于挖掘店面有一定能力但一直没被发现的潜在人才,还可以帮助管理者更全面地了解员工,为以后的工作调动做好准备。

缺点:容易让竞聘失败的员工对原岗位和竞聘岗位产生抵触心理,在今后的工作中难免会产生浮躁和不满的情绪,所以管理者应当确保竞聘的公正性,同时适当开导竞选失败的员工,强调竞选失败并不代表着全面否定其能力,而是觉得现在的岗位更需要他们或是他们还需要在现在的岗位上再多锻炼一段时间。

3. 网络招聘

利用相关人才招聘网站和APP进行的网络招聘,也是目前比较主流的方式。

优点:网络招聘信息量大、省时、省力、成本较低,招聘要求和求职者状况,大家都能一目了然。

缺点:人才网站众多,信息繁杂,除去求职者简历的可信度不说,众多网站的信息量和影响力也良莠不齐,如果不能正确选择网络渠道,招聘效果往往会令人失望。因此，管理者要选择专业的招聘网站或APP，同时也要具备透过求职者简历表面看出其实质的能力。

4. 人才市场招聘

优点：应聘人员比较集中，可以与应聘人员面对面的交流，能更真实有效地招聘到合适的人才，如果有大量的人才需求，这种方式还是比较可取的。

缺点：相对于其他招聘方式，这种方式应聘的人员比较集中，人才市场中的招聘方也很多，容易造成求职者在不了解详情的情况下盲目求职，以至于浪费时间和精力。

六、设置好面试问题库

1. 面试官的问题库

面试时，需要多维度考察应聘者的能力和特质，比如销售能力、沟通技能、工作主动性、适应能力、自我认知、服从意识等等。围绕某一维度询问多个问题，以便核对应聘者的答案是否有出入。

每一场面试的过程，应该是标准规范的，只要能将这些多维度的问题，分门别类地设计好，这样就容易从多位应聘者的答案里筛选出优秀的人才。

因为篇幅有限，笔者不能逐一介绍各个维度的问题，仅举自我认知这一维度的问题库为例进行说明。

设置自我认知维度的问题主要是为了让应聘者对自己的行为、经历和技能进行判断，这类问题使面试官有机会看清应聘者究竟是如何看待自己的。可以提出的问题如下：

❶ 到目前为止，您认为哪方面的技能或个人素质是您获得成功的主要原因？

❷ 当别人赞赏您的时候，他们首先会提及您哪方面的素质？

❸ 什么因素促使您努力工作？

④ 您认为您对工作的最重要的贡献是什么？

⑤ 什么特别的素质使您和他人有所区别？

⑥ 您为什么认为自己能胜任这份工作？

通过这些问题，可以检验应聘者对过去的总结、分析和认识的思考能力，判断对方是否具备清晰的自我认识和评估能力。对自身没有正确认识或超高认识的人，可能存在着不清晰的自我定位，因此就可以考虑放弃录用。

面试最终是追求双赢的结果，面试官代表着店面形象，太强的压迫感会影响应聘者的发挥。所以应保持平和的态度，双方在平等的基础上讨论这些问题，给应聘者一个展示自我的机会。

2. 应聘者会问及的问题库

面试毕竟是双向选择的一次过程，它不是单向的交流，自始至终保持着互动的氛围，一定会令双方满意，所以理应给予应聘者提问的机会，表现出对他们充分的尊重，并为"推销"店面打下基础。

面试官回答应聘者的提问，最基本的要求是不能违背原则，除此之外，也需要尽量做到规范化，遇到优秀的人才，可以优化答案，但不能夸大。笔者组织了一些应聘者所关心的问题：

① 公司的发展目标是怎样的？成长的潜力是什么？

② 这份工作典型的任务或职责是什么？我的工作表现将被如何评价？

③ 这个职位存在多久了？之前谁在做这份工作，这个人现在在干什么？

④ 公司希望这个职位上的员工具有哪些特征？

⑤ 谁是我的直接主管？他能够在哪些方面帮助到我？

⑥ 公司有什么样的培训内容？

⑦ 假如工作表现令人满意的话，薪资如何增长？

⑧ 公司是怎样的销售提成体系？

现在，最缺的就是人才，作为面试官，不能疏忽对自身的要求，回答得精彩、有水平，将有助于提高优秀人才加入的概率。

切记，不管是向对方提问，还是被对方询问，都要把握好面试的时间。与相对优秀的应聘者交谈可以适当延长时间，充分验证其能力和素质；但也不宜过长，太长容易给等待面试的应聘者带去压力和烦躁的情绪。如果觉得面试者不合适，就委婉地尽早结束面试。

七、能力素质测评

能力素质测评主要是针对个体心理现象的测量，包括能力、兴趣、性格、气质及价值观等方面。它以提高面试准确性为目标，以现实事件为测试题原型，以行为分层模式为判断依据。

通过测评个人的各项指标，可以科学预测出个人的能力素质。简单地说，它可以预测一个人在一般的常见情形下和在一个特定的时期内的行为方式和思维方式。

在人才资源管理的实践中，能力素质测评是十分重要的基础性工作，其作用表现在以下几个方面：

❶ 通过对应聘者的能力素质测评，了解对方的基本素质，检验其在面试过程中的表现，并决定是否录用，从而提高招聘效率。

❷ 它能够帮助应聘者了解自我。每个人对自我的了解并不全面，大多数人是通过他人对自己的评价或通过自己与他人的比较来认识自我的。能力素质测评却是科学化的，它通过设置一定的情境让一个人的潜能得到充分的展现，从而达到自我了解、自我开发与自我成才的目的。

❸ 它是人才培训和规划的依据。能力素质测评是人才资源规划的依据，传统的做法是通过人的学历、工作经历来确定整体的人才资源状况，这在今天是不够的，还需要对人的潜能、未来发展方向有详细的了解，才能做出人才资源规划。

通过能力素质测评的结果，能发现人才所欠缺的部分，从而开展针对性的培训；同时也能发现人才某一方面的潜能，从而给予及时的肯定和晋升。

多数读者或许会认为，能力素质测评是大公司在使用的方法，的确，世界500强的绝大部分公司在招聘员工时都有测评环节。对于小公司，或是一家店面来说，就没有这个必要吗？其实不然，实战中，可以简化这个工具，将其变成常见的能力和性格测试。

所有零售店面的管理者肯定关心应聘者的销售能力究竟如何，能不能成为销售冠军，采用能力和性格测评的方法，还原多个销售场景，让应聘者从中选择应对的方法，每个选项都有相应的得分，总分就可以作为评估对方销售能力的依据。

销售能力的测试，除了能力和性格测试外，还有销售心理测试、言语理解与表达能力测试等，这些方法在网络上都能搜索到，大家可以试着使用。

人员管理要点三
用人的5个重点

一、入 职

新员工入职过程的要点，简单通俗地说，就是做到恩威并施。

"恩"，是用富有温情的方式让新员工感受到店面对他的关注和关怀，比如让新员工清楚自己最关心的薪资问题和受训过程，从而避免不必要的担忧。

"威"，是明确告知新员工店面制度，让员工知道什么事能干，什么事不能干，如果干了后，可能会产生的后果。

1. 入职仪式

新员工报到，对于他们而言，这是入职后在团队面前的第一次亮相，也是第一次真正接触到团队文化和氛围的时刻，管理者应给予充分的重视，入职仪式能体现出对新员工的尊重。

实战中，为帮助新员工快速融入店面，入职仪式通常安排在全员参加的晨会中，管理者向各位员工介绍新员工的个人履历、工作岗位和具体职责，随后由新员工进行自我介绍。最后再逐一向新员工介绍各位员工的姓名和岗位职责，遇到在工作中会频繁对接的员工，就介绍双方大致的对接内容。

借助一些物料来营造入职的氛围，让员工获得归属感，比如向新员工赠送鲜花、为其佩戴工号牌、发放工作所需要物品等。

2. 签收入职须知

管理者正式向新员工讲述入职须知，并发放相应的文件，比如《管理制度》《员工手册》。不同于上述的入职仪式，这个过程强调的是规范化，简单说这是立规矩的过程。

关于《管理制度》与《员工手册》的区别，从全局角度来看，《管理制度》是店面的"宪法"，是店面管理、运行的依据。它管理着店面的所有行为，主要由劳动纪律、行为规范等内容组成。

《员工手册》只是作为指导员工行为以及写明员工权利和义务的一种形式，实质上它只是帮助员工学习和掌握切身行为的小册子。

总体来看，《管理制度》的范围更广，《员工手册》只是基于员工一个角度来看的，并受到《管理制度》的制约和管理。店面应当先修订《管理制度》，然后在制度的框架下修订《员工手册》。比如，员工质疑《员工手册》里的规定，那就可以解释这是源自店面的《管理制度》。因此，《管理制度》为主，《员工手册》为辅;《管理制度》是本，《员工手册》是节。

组织员工学习《管理制度》，一旦发生劳动争议，店面可以解释已经尽到了告知义务，但这样做，会牵扯店面一部分精力，因此采用发放《员工手册》方式，更加简便易行。

新劳动法实施后，若店面指明员工有违纪行为，必须有法可依，若没有《员工手册》，只有《管理制度》，也是可行的。因此为了尽量规避员工纠纷，《员工手册》和《管理制度》就应当作为入职须知的附件材料，要求新员工签收。

3. 薪资确认单

规范的薪资确认单，应该包含薪资结构、绩效考核、薪资调整、特别说明这4项基本内容，并以绩效考核的详细方案作为附件。

规范化的薪资确认单能给双方一定的安全感，员工将其与面试协商的要求进行核对，清楚每个月的薪资收入，这样能增强员工对店面的信任度。店面应将薪资确认单作为劳动合同的补充文件，因为里面涵盖了后3项内容，能让店面在后期解决薪资纠纷时掌握主动权。

应在"特别说明"里增加薪资保密要求，许多店面就非常重视这项内容，不允许员工向他人透露自己的薪资，也不允许向他人打听对方的薪资，一旦违反，严重的结果就是解除劳动合同。

作为薪资确认单附件的绩效考核方案，以及针对各项绩效指标和考评方法的详细解读，能确保新员工充分了解绩效体系，便于他们更好地聚焦核心工作。视情况而定，是否在绩效考核方案中增加负激励的管理，以加强对新员工的约束。劳动法对绩效考核方案还有更加细化的要求，比如决议、公示过程以及签字确认。

二、岗位说明书

店面的实际运营中，有些工作职责的界定比较模糊，于是就存在着边界职责。虽然店面激励员工们具备积极的工作态度，也会有一些员工愿意承担更多的边界职责，但时间一久，在员工看来这是不公平的安排，会导致他们内心失衡，从而在工作中产生互相推诿的情形。因此，店面在用人时，应当清晰界定各个岗位的职责内容，《岗位说明书》就起到这样的作用。

一份完整的《岗位说明书》，包含着具体的工作职责、岗位所赋予的权利、所需承担的责任、上下级岗位的介绍、工作中应衔接的内外部关系，甚至还有各时间段须提交的工作汇报材料等内容，它全方位指引着员工正常且高效地开展工作。

用人，关键是聚焦。像零售店面，一切岗位上的工作都必须围绕着业绩达成来开展，所以，在具体的《岗位说明书》中，店面能够聚焦，能够抓住岗位的关键价值，才是根本。

三、绩效考核方案

好的绩效考核方案应秉承客观公正公平的原则，采取单头考核的方式，结合着奖惩，能够确保被严格执行以及保证结果的透明，从而刺激员工更加积极地工作。

然而有些绩效考核方案，在设计时就存在着误区，考核的定位模糊，具体指标缺乏科学性，考核周期的设置又不合理，绩效考核与其后的工作内容衔接不上。

下面笔者简单阐述绩效考核指标的设计方法。

❶ 根据每个部门和岗位的特点来设计考核指标，指标的数量控制在4~8个，过多容易分散注意力，而且重点不突出，也容易重叠。

❷ 指标的权重是对各项指标重要程度的权衡和评价，权重大小反映了各项工作的重点、难易程度及在资源精力投入上的差别。应采用二八定律，将80%的指标关注到20%的重点工作上，能引导员工聚焦于重点。

❸ 每个指标的权重一般不低于5%，过低容易被疏忽，为了简化计算的难度，权重数值通常采取5的整数倍。

❹ 绩效考核的目标，应当能完全让被考核人对结果负责，也是实实在在可以通过努力达成的。

❺ 不能为了量化而量化，所有量化的内容是可切实执行的。抓取核心的量化数据，同时强调质量和数量并重，避免做多错多，不做不错的后果。

❻ 相对性和可比性的考核至少分两层，第一是部门业绩考核，考核结果可以在部门间做比较；第二是部门内各岗位的考核，考核结果可以用在部门内部做比较。

四、及时的监督和沟通

绩效考核强调的是结果，但不能疏忽过程管控。店面将业绩指标分解到具体的时间段，精细化要求加强时间段内的细节管理。因此，对员工加强每日、每周、每月的监督和沟通就非常有必要，承载这个功能的是每日汇报、每周总结和每月评分。

1. 每日工作汇报

微信群内工作汇报，是管理员工日常具体工作行为的一种方法，除了监督以外，它还肩负着另一个作用，管理者通过员工的汇报内容，从中发现他们的短板，从而给予适时的指导。毕竟，每个人的自觉性、能力水平存在差异，严格的要求，也是对员工负责的表现。

工作汇报要有固定格式的汇报模板，忌繁复和流于形式，应以数据为主，且不偏离核心指标。

2. 每周总结

每周总结主要用来检查员工最近一周内的工作结果，它有着承上启下的作用，既能总结本周计划的完成情况，又能对下周做出工作计划。每周总结与每日工作汇报一样，仍然是聚焦主要工作内容，以关键业务为核心。

在零售行业，周总结远比月总结要重要，因为月度目标本身就是细分到每周的。以周为单位的总结，能为店面带来实时信息，及时修正行动措施，汇总起来的周总结就是一份详细的月度总结报告。

周总结也需要固定的汇报格式，罗列出店面在经营过程中所要重点关注的内容，与月度考核这一结果数据相较而言，大家应当将工作重心放到周总结上，因为这是切实的过程管理。

3. 月度评分

月度考核可以分成两种方式，一种是完全按照月度绩效考核的方式来执行的，另一种是月度评分的方式。这是因为绩效考核完全是以业绩为导向的，与薪资相关联，所以量化的数据是基础。但事实上，为了综合评价员工的表现，除了业绩外，还需要结合一些非数据化的内容，这些内容通常来自员工在工作中的表现。月度评分表是主要的考核工具。

月度评分表					
评价内容及标准	标准备注	评分标准/分	自评评分 40%	店长评分 60%	加权得分
1.当月是否完成了本月销售目标	根据店面制订任务书，确定个人目标	30			
2.本月新增有效客户数量的完成情况是否达到店面要求	店长在每月初制订有效目标客户数量	10			

（续表）

评价内容及标准	标准备注	评分标准/分	自评评分 40%	店长评分 60%	加权得分
3.当月销售订单的平均折扣	以全年的目标折扣为基准	5			
4.是否具备本职位所需要的专业知识与技能；是否坚持学习新的专业知识；是否给予了培训分享	主动学习和分享性，需要有上级主观加客观的判断	5			
5.每月销售模拟和知识考核成绩	每月一次的店面销售技能考核	10			
6.新增维护外部资源的完成情况	自身开发和维护外部资源的意识	5			
7.客户沟通是否良好，是否接到客户的投诉，有无退换货产生	与客户的沟通能力	5			
8.本人的日常卫生区域是否保持干净、整洁	团队合作和主动工作的意识	10			
9.个人形象是否每天保持最佳	个人形象维护符合标准	10			
10.是否遵守工作纪律（如考勤、请假等）	价值观判断	10			
合计		100			

五、工作量分析

衡量销售顾问的工作量，业绩是最重要的参考因素。对于二线服务部门而言，没有具体的业绩来衡量，工作内容也不会充分外露，因此就需要分析他们的工作量，客观评价他们的贡献值。

了解员工每天的工作内容和工作量，也是对员工的尊重。管理者从中发现他们的优点，及时给予鼓励，员工在工作时，也会充满自豪感和自信心。

精细化零售强调的是将工作做深、做透，对工作量没有科学的分析，是不可取的。店面在不同的发展阶段，工作侧重点会有变化，因此有必要每月、每季度深入开展一次员工的工作量分析。

分析工作量有具体的表格，包含着由指标转换成的工作任务、具体的任务描述，以及它们的发生频率、重要性和难度系数等等。

举例：某销售经理日常工作量分析，可具体见表格。

店面销售经理工作量分析

项目	序号	指标	转换成工作任务	频率	重要性	难度	工作任务解决方法	具体解决方案
售前管理	1	新客流渠道的销售占比	拓展新渠道				设立专门的部门和人员来开展工作，针对不同的渠道制订不同的工作和考核要求	
售前管理	2	新品销售占比	推广新品				结合推广方案策划具体的活动内容，并认真执行和反馈	
售前管理	3	新品牌销售占比	推广新品牌				新品牌开业造势及在属地店面进行品牌宣传	
售中管理	4	接单率	提升接单率				店面持续宣导关注和进行情景演练提升	
售中管理	5	户单价	提升户单价				关注各系列的销售占比，以及长尾产品的消费	
售中管理	6	入户家访率	提升入户家访率				增加销售技能培训及日常情景演练，设定硬性要求	
售后管理	7	送货准确率	提升送货准确率				对已下单客户进行有效管理，每日进行跟踪和反馈	
售后管理	8	整单送货率	提升整单送货率				关注客户订单的产品提交信息，设定机制并进行考核	
售后管理	9	退换货率	控制退换货				要求销售顾问在售前加大同客户沟通的力度	
售后管理	10	删单率	降低删单率				要求销售顾问在售前加大同客户沟通的力度	
商品管理	11	盘点差异率	降低盘点差异率				店面提前进行预盘，并跟踪销售顾问对各自负责区域进行前期查找	
商品管理	12	商品规范	商品价签、条码管理规范				专人指定区域进行负责，销售经理每日进行巡查	
商品管理	13	综合毛利率	管理折扣				统计每张订单的折扣率，每周与销售顾问逐一分析	
商品管理	14	商品结构达标率/库存周转天数	管理库存商品				关注到货超一个月以上的客户订单，并及时联系客户，了解其装修进度	
商品管理	15	楼面样品平均账龄时间	管理楼面样品				展陈设计师每月汇总样品，并根据产品状态及需求，进行调整	
商品管理	16	店面展示状态综合评价	维护店面展示效果				销售经理在每日巡店过程中找出问题及销售提升点，并与展陈设计师协商更换方案	

（续表）

项目	序号	指标	转换成工作任务	频率	重要性	难度	工作任务解决方法	具体解决方案
经营管理	17	预测偏差率	销售预测				进行任务分解，并给出相应的弹性数据空间	
	18	人均销售额	提升人均销售额				每月按人进行考核，季度进行汇总，找出销售最后3名并让他们进行提升	
	19	坪效	提升坪效				合理利用店面空间，最大程度地放置产品	
客户管理	20	客户满意度	提升客户满意度				客服加大回访力度，奖优惩劣	
	21	客户关系评价	提升客户重复购买率				加大老客户的维护和转介绍，并针对优秀的销售顾问进行店面奖励	
人员管理	22	员工到岗率	招聘销售顾问				拓展招聘渠道	
	23	员工到岗率	面试销售顾问				参与初试过程，提高面试效率	
	24	核心岗位人才达标率	人才梯队建设				给予组长适当的放权，因人而异，让组长最大程度地发挥传、帮、带的作用	
	25	员工技能考核得分	业绩指导及培训				数据量化考核，设定奖惩机制	
	26	员工面谈完成率	设计顾问管理				让适合的人做适合的事，根据每个人的能力和性格不同，给予不同的工作内容，发挥最大的工作能量	
日常管理	27	确保安全营业	开店/闭店				按店面日常标准开展工作	
	28		营业前准备	营业中			组织晨会、带领全员巡店	
	29	确保正常营业	确保最佳营业状态				按店面标准化维护开展工作	
	30		确保日总结信息	营业后			进行日结、交接班、巡店日志	

频率：指在日常生活中执行此任务的频率。分数从1到5分，1分为频率最低，5分为频率最高。
重要性：指在日常工作中执行此任务对销售及店面管理的重要程度。分数从1到5分，1分为重要性最低，5分为重要性最高。
难度：指在日常工作中此任务执行的难度。分数从1到5分，1分为难度最低，5分为难度最高。

人员管理要点四
育人的过程管理

　　育人主要是指新进员工的上岗能力培训和老员工的能力提升培训，此部分的内容着重讲述的是新进员工培训；对于老员工培训，笔者认为更应该放在留人的部分，因为帮助老员工提升能力，将他们培训得更优秀，是留人的一种方法。

一、管理新员工培训的3张表格

1. 培训计划表

　　这是一份针对新入职销售顾问的培训计划表，其中的内容细化到从入职第一天开始至培训结束，正因为如此，培训的时间跨度有点长，大家还是应当结合自身的情况来使用。

　　新员工正式培训前，店面打印这份表格交给他们，并且要有正式的交流，以确保新员工能清楚自己的整个学习过程以及考核要求。其实，另一方面此表格也能考验新员工主动融入集体和沟通的能力，因为表格内会罗列出具体讲授的部门和内部培训师，如果新员工主动意识较强，他就能通过这份表格，迅速找到对方，并就学习内容提前沟通。

　　这份培训计划表的特别之处还在于：

　　❶ 整个培训计划分为多个不同的阶段，根据新员工的进步要求，每个阶段的学习内容由浅入深，考核的方式和力度也不一样。

　　❷ 明确培训内容，并细化了具体的受训细节和所需教材，这样做能促使新员工自行预习，也能监督培训讲师授课内容的质量，确保教材的及时更新。

　　❸ 每场培训都由不同的培训讲师完成，能够胜任讲师的，应当都是表现优秀且有责任担当的员工，这能帮助他们实现自我价值。

销售顾问岗培训计划表

阶段	类别	学习时间		内容	学习地点	学习教材	培训人	培训日期和时长	培训要求
第一阶段	七日观察期	入职第一周	第1天	办理入职手续					熟悉企业文化,并能开始遵守店面的管理制度
			第2天	企业网站、微信介绍和查询浏览内容要求		网站、集团和分公司微信、宣传册			
			第3天	学习企业文化		企业文化、员工手册			
			第4—6天	熟悉店面《管理制度》和店面《员工手册》		员工手册、店面运营手册			
		第一周最后一天,由人事部和经理统一填写"实习员工观察期评价表",进行评估,提交公司人事部,上级决定该员工是否继续留用,合格者进入第二阶段学习。							表格收集
第二阶段	产品类知识	入职第2—3周(分配培训师帮扶)	第7天	学习具体产品系列、设计元素(A系列)		产品基础知识、宣传册、报价单			熟悉产品的设计元素、能简单阐述雕刻、有色彩的油漆;能对竞品牌有自己的观察角度
			第8天	强化、简单阐述产品设计元素(A系列)					
			第9天	学习具体产品系列、设计元素(B系列)					
			第10天	强化、简单阐述产品设计元素(B系列)					
			第11天	结合制作工序,学习产品的木材知识,以及木材的选材、干燥和切取工艺					
			第12天	结合制作工序,学习产品的主要辅材、五金、皮质					
			第13天	结合制作工序,学习产品的油漆品种、制作工艺					
			第14天	结合制作工序,学会全方位阐述工艺细节					
			第15天	产品故事培训					
			第16天	产品工艺培训					
			第17天	皮料知识					
			第18天	沙发制作、工艺、布艺面料知识					
			第19天	市场调研、价格等深入比较					
		第三阶—第四周中对实习员工进行【初级考核一】,考核试卷一,考核试卷由人事部和用人单位联合出具,同时结合人事部主导邀约的人员对该员工进行情景演练考核,两项总分合算,参照该员工本阶段的学习及工作态度。由参与考核人、经理、店长、帮扶老师的评价做出总体评估,决定该员工是否继续留用,并立即通知该员工,合格者进入第三阶段学习;不合格者,由用人单位提出解决意见并延长培训时间,签字确认交至人事部备案							试卷由人事专用人单位出具

（续表）

阶段	类别	学习时间	内容	学习地点	学习教材	培训人	培训日期和时长	培训要求
第三阶段	设计、辅助技能培训	入职第4周（店长、主管级以上帮扶）						
		第20天	软装知识：色彩、饰品材料		相关PPT、文档等打印版本			能结合简单的色彩知识，讲解店面产品布局；并目初步接触方案，能简单讲解；同时可以进行模拟销售，并贯穿出城市楼盘的信息，客服和售后服务政策等
		第21天	店面展陈：了解店面的布展细节和要素					
		第22天	接触设计方案的制作，4套方案以上的深度学习					
		第23天	利用学习的制作工艺和软装知识，学会表达方案					
		第24天	硬装产品及装修过程培训					
		第25天	风水培训					
		第26天	售后服务、家具保养、VIP礼遇					
		第27天	常遇到的客服问题、话术及处理方式					
		第28天	城市楼盘学习					
	第五周中对实习员工进行【初级考核二】，考核试卷由人事部和用人单位联合出具，同时结合人事部主导邀约的人员对该员工进行情景演练考核，两项总分加权后，参照该员工本阶段的学习及工作态度，以及参与考核老师的评价做出总体评估，决定该员工是否继续留用，合格者进入第四阶段学习；不合格，由用人单位提出解决意见并延长培训的时间，签字确认交至人事部备案						试卷由人事与用人单位出具	
第四阶段	销售技巧学习	入职第4周（店长、主管级以上帮扶）			相关PPT、文档等打印版本			较为熟练的进行销售模拟
		第29天	销售70问					
		第30天	销售技能、电话营销技巧和销售心理					
		第31天	客户DESA风格分析					
		第32天	金牌销售的基本技能					
	第五周中对实习员工进行【初级考核三】，考核试卷由人事部和用人单位联合出具，同时结合人事部主导邀约的人员对该员工进行情景演练考核，两项总分加权后，参照该员工本阶段的学习及工作态度，以及参与考核人、经理、店长、帮扶老师的评价做出总体评估，决定该员工是否即通知该员工，并立即通知该员工，不合格者进入下一阶段学习；合格者，由用人单位出具金牌销售证书，签字确认并交至人事部备案						试卷由人事与用人单位出具	

（续表）

阶段	类别	学习时间	内容	学习地点	学习教材	培训人	培训日期和时长	培训要求
第五阶段	内部管理学习	后平台支持、操作学习	第33天	销售单据、报单学习		PPT			可以基本操作数据，对接订单，并在售后房、对量方面再度对竞争对手做出了解；同时对公司内部的游戏规则有清楚的理解
			第34天	如何对接订单管理		订单管理培训课件			
			第35天	学习量房（可在27—29天内协调日期）		家访课件			
			第36天	了解其他店面，市场再度调研		市调表格模板			
			第37天	销售部的订单权益归属制度学习		盖章的制度文档			
	第五周中对实习员工进行【初级考核四】，考核试卷由人事部和人单位联合出具，同时结合人事部主导邀约的人员对该员工进行情景演练考核，两项总分加权后，参照该员工本阶段的学习及工作态度，以及参与考核人、帮扶老师的评价做出总体评估，决定该员工是否继续留用，并立即通知该员工，不合格者，由用人单位提出解决意见和延长培训的时间，签字确认交人事部备案					试卷由人事部主导出具，帮扶老师、店长、经理，由用人单位出具		
第六阶段	个人形象	上岗准备	第38天	个人着装制度学习、销售礼仪培训		PPT			合格的销售顾问角色、明显的目标、熟练、紧张程度逐步减少
	销售工具		第39天	店面电脑内的共实景照片和设计方案的查找		店面电脑			
	平板店面运用		第40天	平板电脑的运用		平板电脑			
	实战演练		第41天	实战店面考试，合格分配带岗导师，上岗实操		销售顾问接待册、信息工号、名片			

说明：①人事部在培训前一天通知相应的培训人。
②培训人的每次培训需在此表内记录培训日期和时长。
③实习员工情况由直属上级监督，有异常情况及时与公司人事部联系。
④实习员工需每周提交"周学习汇报表"至人力资源部。

❹ 给出课程的培训时长，这是根据培训内容的重要系数来决定的，也是考核课件和师质的一个重要依据。

❺ 给出培训要求，让新员工明确每个阶段的培训目的，培训目的与考核内容息息相关。

❻ 便于培训效果的跟踪。在各个培训阶段结束后，本着对新员工负责的态度，要及时考核，这也体现了店面对新员工的重视。考核可以采取笔试和情景演练的方式，考核内容应当具体而清晰，切勿超出所学范围。

根据考核结果对新员工做出相应的评价，对达标新员工进行鼓励，对未达标新员工，则要深入了解他们的学习过程，存在的问题或困惑，帮助他们解决，为其提供修正的机会。

2. 培训进度表

培训进度表							
姓名：		部门：		入职时间：		学习周期：	
序号	学习日期	学习内容	培训讲师	考核方式	考核得分	员工签字	培训讲师签字
1							
2							
3							
4							
5							
6							
7							
8							
9							
10							

培训进度表主要用于跟踪新员工培训进展以及每项培训内容的考核结果，以便让管理者清晰掌握新员工的所有表现行为，及时给予交流指导。

注意：表中每一项考核得分，都需要得到新员工的签字确认。评估试用期内合格和不合格的表现，培训进度表是依据之一。

3. 试用期评估表

试用期评估表			
店面/部门：			日期：
评估时间段：			
姓名：	性别：	出生年月：	岗位： 入职时间：
评估内容	自我评估		上级评估
主要工作内容			
工作表现			
改进建议			
签字确认			

一般店面会按照试用期时长来确定具体的评估周期，试用期时长与劳动合同的年限有关，常见的为3个月试用期，因此一般采取月度周期的评估，稍严格的是1周或半个月。

正式培训前，管理者使用培训计划表与新员工进行正式沟通，明确告知对方所要学习的内容以及考核评估的细节。培训合格后新员工正式上岗，此时他们仍处于试用期内，所以管理者仍要继续监督他们的表现，对他们实战中的日常工作进行评估和指导。

在试用期评估表内，有自我评估和直接上级评估两项指标。自我评估的目的是让新员工充分重视自身的主要工作内容和工作表现，制订出自己的改进措施。直接上级的评估会给新员工带来一定的压力，因此这也是在考验他们承受压力的能力。本着公正的角度，直接上级评估要以客观事实为基础，尽量减少主观判断。如果没有充分观察，是无法做到客观评估的。

这份评估表最终会提交到人力资源部门，所以评估过程，也体现了管理者在时刻关注着招聘质量和新员工的成长过程。

二、新员工培训的6项内容

1. 基础知识培训

这类知识简单易学,通过考核后,新员工只要具备一定的沟通能力,基本就可以在店面接待客户了,换言之他们已不再是家具小白。

培训店面《管理制度》和《员工手册》、企业文化,可以检验新员工的学习态度、适应新环境的能力以及对企业的认同感。

产品知识的培训内容应细分到产品系列、工艺制作和材料、设计元素和销售故事。

以上内容仍然属于基础知识,只要新员工肯花时间,是完全能够快速掌握的,所以这些内容的考核结果是检验新员工的学习态度和接受新事物的能力,他们要能通过学习总结出多条有关品牌和产品的具体优势。

2. 专业能力培训

这是为提升销售顾问专家形象的培训,具备了这些知识的员工在客户面前会更有自信,与客户之间能进行专业的交流,从而获得客户的认同。

这类培训的内容主要集中在以下几个方面:

① 装修和建材产品知识。通过学习,了解整个装修顺序,清楚每个环节的注意事项,了解主要建材在购买和使用时的要点。

② 家居风格和生活方式。了解不同家居风格的细节表现,以及每种生活方式的诠释。

③ 基础的软装知识。主要围绕着色彩搭配、面料材质和饰品运用原则展开。

④ 基础的风水知识。培训后新员工应能简单掌握家具在卧房、客厅、书房三大空间里的风水布局关系,以及基础饰品的风水常识。

⑤ 店面展示陈列。培训后的新员工应掌握店面产品展陈的细节和要素,最终能结合所掌握的软装知识,运用设计语言讲解店面的空间。

⑥ 设计方案。学习制作设计方案,并能利用学到的所有专业知识,流利讲解方案。

⑦ 客户服务内容。包括家具的售后服务和保养政策,VIP客户的礼遇政策。

针对经常遇见的客服问题，培训后的新员工应掌握标准的话术和处理方式。

❽ 城市楼盘。培训后的新员工应掌握目标楼盘在城市里的布局，学习和分析楼盘，熟知目标楼盘的户型和样板间等信息。

检验学习结果的方法是情景演练，新员工如能得体地接待和讲解，全程穿插使用各种专业知识，同时贯穿城市楼盘、客服和售后服务政策等内容与客户进行长时间的交流，就意味着学习合格。

3. 销售技能培训

❶ 标准的销售问答话术：通常，每个品牌都会有一套自己的销售问答话术，这些都应当是从实战中整理出来的，目的是让员工在关键问题上保持统一的回答口径，避免因为差异化的回答让客户产生不适感，最终导致丢单。当然，在不违背原则的基础上，店面可以优化品牌方提供的话术。

❷ 金牌销售的10项基本技能：这里的销售基本技能并不是指销售技巧，并非是指如何跟客户讨价还价，或是如何与客户开展心理暗战。这些基本技能，都是笔者从多年实战中总结出来的销售经验，包括高质量的初次接待、自身形象展示、聊楼盘、渗透性提问、延展性回答、细化客户风格、持续跟踪客户、左手设计右手销售、拓展客户来源渠道、成交技能这10项内容。

其实，10项基本技能讲的是如何做好自己，金牌销售顾问往往能不断完善自身，经常换位思考，懂得客户的实际需求，并真诚地与客户相处。

这部分内容在笔者另一本图书《精细化零售·实战营销》里，有大篇幅的详细讲解。

❸ 玩转微信：微信犹如销售顾问的另一家店面，大家要习惯在微信上展示自己和产品，与客户进行高效的联系和沟通，逐渐实现微信上的成交。只有当销售顾问把微信当作店面去经营，才会有不一样的思路。

微信营销是笔者的一个重点讲解的章节，其中涉及个人的就是玩转微信，分为7个部分的内容，分别是玩转微信的4个要点、微信名片的5个细节、微信好友数量裂变的招式、发布朋友圈的技巧、内容的设计、高效互动，以及优化使用微信小工具。

❹ 老客户的维护：对于店面和个人如何维护老客户，笔者从多年的实战中

总结了不少心得。对于个人而言,要能充分利用店面资源,维护出粉丝级、朋友般的老客户。这些老客户能为销售顾问个人、店面和产品进行背书,帮助销售顾问转介绍新客户。

既然这是我们希望达到的目的,那就思考一下,客户为什么愿意帮助自己,我们又能为他们做些什么呢?如果有这样的困惑,大家可以从客服营销一章寻找具体的方法。

新员工接受了技能培训,需要检验学习结果,考核方法还是情景演练,只不过增加了难度系数。设计出具体的接待背景,考评者扮演某一风格的客户,考核过程中不要过多在意于新员工的语言技巧,而是重点关注新员工能否运用到这些基本技能,因为让客户感觉到舒适是很重要的,销售并不是一味的压迫。

4. 岗前准备培训

系统学习完基础、专业和技能类的知识后,就需要为上岗前做最后的准备,因此在最后的时间段,培训内容应当以销售制度、服务流程和销售工具的使用为主。之所以这样安排,是确保新员工在面对从接待到成交全过程中的问题要点时,能切实掌握好解决的方法,而不至于手无举措。

岗前准备培训的主要内容如下:

① 销售礼仪。

② 快速查询电脑、平板电脑内的产品照片和优秀设计方案。

③ 在规定的时间内完成电子版本的销售合同。

④ 清楚内部设计服务流程,具备与客户沟通设计方案细节的能力,并能独立对接设计师,为客户提供量房设计服务。

⑤ 根据生产周期,对接订单计划员,为客户协调产品。

检验培训结果的方法就是实战,让新员工进入正式的销售状态,但此时,店面并不一定要让他们单独接待客户,而是为其分配帮扶导师,由导师陪同接待客户。

5. 行业专项培训

行业专项培训主要就是市场调研,熟悉行业品牌,并研究竞争对手。当进店客户向新员工提到某一品牌时，如果新员工一无所知，客户就能判断出这是一位新手，自然会降低信任度，所以不会轻易决定购买。

通过行业专项培训，让新员工对行业里各种风格的产品有所了解，但这也仅限于书面。事实上，还需要近距离观察和切身体会这些不同风格的产品，并能与自己店面的产品做多角度的比较，从而挖掘出说服客户的话术。

重点关注竞争对手，因为它们与自己销售的产品在风格和款式上较为接近，具体该这样去做：

❶ 条件允许的情况下，分两次去竞争对手的店面开展调研。

第一次调研，新员工是刚入行的小白，调研过程中的感受与客户初次逛商场差不多，通俗地讲就是"两眼一抹黑"。在这次调研中，听听竞争对手是如何向客户推荐产品的；结束调研后，站在客户的角度思考，总结自己该如何接待这样的客户。

第二次调研，新员工已经接受了系统的培训，不再是小白，这种状态跟那些反复逛商场的客户一样，懂得一些家具知识，也有一定的比较意识。客户已经逛过了多家店面，被这些店面以不同的方式灌输了一遍，他们自认为是半个专家，因此本次调研的内容，更侧重于产品和销售的细节，学习竞争对手化解客户异议的方法。仔细研究这次调研的结果，整理应对的话术，一旦后期双方发生抢单的情况，知己知彼的一方就能抢占先机。

由此可见，两次市场调研的侧重点不一样，目的也不一样，在《精细化零售·实战营销》里，笔者专门用一个章节来讲述市场调研。

❷ 撰写市场调研报告。

调研报告检验着新员工对调研内容的自我思考和提炼要点的能力，报告一方面侧重于店面的产品、销售氛围、标准化服务、员工之间竞争力的比较；另一方面要结合自身，挖掘出提升自我的亮点。

6. 实战培训

把员工扶上马，最好还能送一程。在新员工获得正式的站位机会起，店面应为他们安排一对一的导师。实战中，通过这种帮扶，能迅速提升新员工的实战能力,还能避免潜在客户的流失。

在规定的帮扶期内,帮扶导师陪同新员工一同站位和接待客户,导师在整个销售过程中提供指导,甚至以亲身示范来帮助他们进步。

前期的客户接待以导师为主,经过随后的评估,合格者才能以自己为主接待客户,最终逐步过渡到独立接待。管理者和导师一起观察新员工接待客户的全过程,评估其销售的紧张程度,以及是否具备引导客户消费的潜在能力。

人员管理要点五
留人的方法

随着员工学识、经验和资历的不断丰富,员工的职级也应当不断上升,这样做,能让所有员工看到自身在店面的发展前景和努力方向,从而增强员工的向心力和归属感。

一、发展留人

1. 重视员工职业生涯的发展规划

员工职业生涯的发展规划思考的是员工在职场中的未来,这是员工除了收入以外最为关心的内容,他们会对自己目前所拥有的技能、兴趣及价值观进行评估,结合店面的变化需求,甚至是行业里的变化需求,不断塑造自身,使自身的工作能力、发展方向符合这种趋势。

如果员工看不到未来,他们就会面临重新选择工作。如果离开,也许有一天这些员工就会成为竞争对手。

对于有担当的管理者而言,这是切实关心员工的一种表现,帮助员工提高收入,更应该帮助他们规划好未来的职业生涯。因此,为了留住人才,在人力资源部门的共同参与下,与员工就发展规划进行正式面谈,真诚帮助他们分析自身的优劣势,以及3~5年的发展目标,为此制订出两年的行动计划,并给予他们所需要的支持。

员工职业规划面谈记录分析表			
姓名:	性别:	出生日期:	工作部门:
入职日期:	学历:	岗位/职务:	
个人情况	性格特点:		
	态度观念:		
	特长\技能\能力等:		
职业分析	以前的工作经历:		
	现工作量:		
	其他:		
对XX的认知	对公司:		
	对上级:		
	对同事:		
	对他人:		
	其他:		
个人职业发展目标:			
3~5年发展规划:			
近两年行动计划:			
优势与劣势分析、个人主要矛盾:			
需要公司的何种支持,对公司的建议:			
其他面谈分析内容:			
备注或上级批示:			
面谈人:		面谈日期:	

2. 设置科学合理的职业发展阶梯

职业发展阶梯是践行职业生涯发展规划的方法,为员工指明了具体的努力方向,所以它能引导员工开发自己更多的知识和技能。

案例 美克美家设计顾问的职业生涯发展阶梯

设计顾问职业生涯发展阶梯

7：区域主管	7：首席设计师
6：店面总经理	6：资深设计专家
5：销售经理	5：专家级设计顾问
4：教练级设计顾问	
3：高级设计顾问	
2：合格级设计顾问	
1：普通职员/入职级设计顾问	

以上的发展阶梯指明了设计顾问的两种努力方向，一种是管理方向，从设计顾问升职到销售经理、店面总经理、区域主管；另一种是专业方向，采取的是评级晋升的方式，从初级设计顾问开始，逐步升级为合格、高级、教练级、专家级、资深级和首席设计师。

走管理路线，通俗看是升职。想要升职，就必须遵守内部晋升制度，满足相应的条件才会被升职，这样做有助于员工严格要求自己的日常行为，并勇于积极表现。这也符合圣诞树模型的人才发展结构，如果员工能力足够强，就让他上升一个层级，成为一个分支，再发展、再成为另一个分支，人才就是如此涌现出来的。

走专业路线，通俗看是评级，也是变相加薪，毕竟为员工加薪，必须有相应的制度。一旦制度不健全，加薪主动权往往就掌握在个别管理者手中，人为因素显然会导致不公平的现象，使得团队内部出现裂痕。所以从本质上讲，专业路线是面临没有空余管理岗位时，所采取的一种加薪留人的方法。

不管是哪一种方向的发展，都指向升职和加薪这两种机会。管理者要为下属创造施展能力的更大空间，当然树立正确的价值观也很必要，让员工明白职务只是服务于组织的称呼，加薪与个人的能力和付出密切相关。

3. 制订评级政策

正是因为没有足够多的管理岗位，所以评级是店面平衡和稳定团队成员时使用最多的方法，它也是员工职业发展规划的一部分。为了契合大多数店面的现状，笔者用一家店面的案例来具体阐述评级标准和操作办法。

评级内容里涉及工作技能、团队合作、业绩要求、客户维护、培训能力这5个方面，毫无疑问，其中业绩要求的比重最大，也印证了收入与付出成正比的关系。与其说这是一个评级标准，还不如说它是一个定薪标准，对于销售顾问的级别设有严格的考核周期，根据考核结果对应升级、保级和降级，并匹配对等的基本薪资。

二、帮扶留人

员工入职后会经历几个不同的阶段，个人的工作经验、对待工作的态度会受到各种因素的影响而改变，一旦进入危险期，势必就有离职的可能性。因此在不同阶段为员工提供适时的帮扶，对于店面而言，是必须持续实施的管理行为，也是留人的重要方式。

笔者以销售顾问岗位来举例阐述该如何去做。

三、培训留人

就培训本身而言，光"培"不"训"，会回到原点；光"训"不"长"，等同于浪费。在实施培训的过程中，大家要关注以下这些重点：

1. 挖掘员工真实的培训需求

培训的目的是服务于团队的整体目标，对于店面而言，培训要服务于业绩指标。店面的业绩指标的达成必须依赖于每一位员工，因此应当分析他们现有业绩与应有业绩之间的差距。分析业绩不好的主要原因，组织员工填写培训需求调查

店面评级标准和操作办法

职位	底薪	考核周期	定级标准	评级内容（以下5方面总分分值100分，根据具体内容要求设定不同的分值，并进行评分）					保级业绩要求	晋升级保级均需达到月度评分要求（分值）
				专业及工作技能	团队合作	业绩要求	客户维护（售后）	培训能力		
合格销售顾问		1个季度	相关行业1年以上销售经验，沟通能力良好的工作稳定性较好	通过产品知识及接待考核，能够独立完成接待送货的全部流程，熟悉销售系统，拥有持续的学习态度	沟通顺畅，在团队中起积极作用，具有好的团队合作精神，可协助处理店面事务	考核季度业绩达到店面正式接待人员前60%水平，同时业绩数据不低于季度业绩任务的60%	客户满意度90%以上；非品质问题退换货季度小于3次；考核期非客诉重大客诉不超过1次	能够为新人指导部分产品知识	考核季度业绩达到店面正式接待人员前80%水平，同时业绩数据不低于季度业绩任务的50%	不低于70分
中级销售顾问		半年	相关行业3年以上销售经验，沟通能力良好的工作稳定性佳，对店面忠诚度高	各方面业务技能十分成熟，熟练使用销售系统管理客户，能够承担店面部分管理工作，并对店面持续改善起到积极作用	沟通顺畅，在团队中起积极作用，具有好的团队合作精神，员工评价度高，主动招揽店面相关事务	考核半年业绩达到店面正式接待人员前40%水平，同时业绩数据不低于半年业绩任务的70%	客户满意度95%以上；非品质问题退换货半年小于3次；考核期非客诉重大客诉不超过1次；考核期内老客户转介绍业绩大于10%	能够为新人培训所有产品知识，并且有带新人的经验	考核半年业绩达到店面正式接待人员前50%水平，同时业绩数据不低于半年业绩任务的60%	不低于80分
高级销售顾问（含导师级）		1年	相关行业5年以上销售经验，沟通能力良好的工作稳定性佳，对店面忠诚度高，具备一定的团队领导力	精通公司旗下所有品牌、产品和软装知识、各品牌、各系列销售相知均衡，设计方案参考高；对店面所有人员起到榜样作用，并且能配合积极指导管理店面销售顾问	沟通顺畅，在团队中起积极作用，具有团队精神和一定的团队领导力，可指导处理店面相关事务	年度业绩达到店面正式接待人员平均水平，同时业绩数据不低于年业绩任务的80%	客户满意度100%；非品质问题退换货率一年内小于3次；考核期非品质客诉，考核期重要客诉期内老客户转介绍业绩大于20%	完成一人以上的新人培训，并且所带新人表现出色	年度业绩达到店面正式接待人员前30%水平，同时业绩数据不低于全年业绩任务的70%	不低于90分

166

4个阶段的帮扶方法

序号	所处阶段	表现	帮扶方案
1	入职阶段	他们在入职后3个月里任性冲劲十足,个性也会很鲜明,但由于缺乏经验,碰到优质客户时,难免把握不好,导致不少的丢单;他们或许还会有热情,但这种打击很大,不可避免地开始怀疑自己,逐渐会对工作失去信心	管理者的业绩指导
			量身制订具体的培训方案
			要求他们在规定的时间内完成所学内容
			安排新员工分享成交心得,对他们进行专门的示范和日常辅导
			帮助制订每天的销售目标,并监督他们完成所需要坚持的行动
2	持续低迷阶段	由于还是无法达到店面和自己的期望,他们的挫败感会表现得更加强烈,自信心和情绪都可能会转落至低谷	倾听了解他们的实际困难,换位思考,帮助分析,并为他们寻求对应的人以解决困难
			重新为他们制订个人的销售目标,将数据目标转化成易于完成的分解动作,并据此制订出具体的帮扶措施,当他们取得突破时,及时肯定
			按照新员工上岗前的培训内容和要求,重新辅导
			店面分配客户资源时,适当对他们有所倾斜
3	倦怠阶段	倦怠通常发生在积极性不高的老员工身上,他们有相当好的技能,但由于工作或个人的原因,热情降低;他们需要整理理解、支持和鼓励,以便能重合信心	为他们安排具有责任感的任务,比如成为导师、帮扶新员工
			奖金是自我价值的体现,也是核心,管理者通过目标倒推法,与他们一起制订出具有挑战性的奖金目标
			提供更多的培训机会,鼓励他们将所学的知识运用在具体的工作中,给他们安排新的工作内容,管理者也可以一起参与这些新工作中去,让他们明确并坚定自己的职业发展道路
			培养他们良好的生活习惯,比如积极的运动,只要他们能够有所收益,便会坚持,坚信运动能改变一个人的精神面貌
4	重点关注阶段	通常他们是店面的骨干,具有较高的能力和意愿来完成目标,工作热情高涨,有冲劲、有信心,他们需决是获得管理者的信任和认可,并因此荣耀	信任他们,邀请他们成为内部培训师或帮扶导师,帮助更多的员工得到成长
			授予他们荣誉,如金牌销售顾问、资深销售顾问;有条件的,帮助他们获得年度评优中的奖项,并辅以温情
			让他们适当参与到店面管理中,当管理者不在岗时,邀请他们暂代职务,初步接触经营管理工作
			与倦怠期阶段一样,为他们提供更多的培训机会,或安排新的工作内容,行使部分管理者的职能
			也一起参与其中,适当参与决策

表,并与有代表性的员工及其直接上级主管进行沟通,通过沟通了解员工的想法,确定具体的培训需求。

2. 分辨单人和多人培训的侧重点

一对一培训以业绩指导为主,侧重数据分析和案例总结;多人培训应该兼顾大部分人的培训需求,多人培训的课程应尽量有连贯性,以便让员工系统掌握知识。

3. 讲方法,不讲态度

结合成年人的学习特点,培训的内容强调以干货为主、接地气,且易于复制,所以要多讲具体的实战方法,减少态度类的心灵鸡汤。这是笔者非常尊崇的原则,因此本书的内容也是按这个要求来组织的。

4. 选择合适的培训讲师

最好的培训师就在团队里,毕竟了解自己的才是最适合的,而且内部培训师对员工来说也是激励和荣誉。因此店面要挖掘内部的师资力量,建立内部培训师制度。

如果邀请外部讲师,一定要慎重,确保培训内容与讲师的特长相匹配,并且事先要与讲师详细磋商具体的培训内容,并审核讲义。

5. 优化培训课件

培训人员要有把课程内容转化为工作方法的意识,所以课件内容都应当参照店面的经营指标来设计,并根据课程评价表的得分和建议不断优化。

6. 明确外出培训的要求

外出培训前,员工务必清楚为什么要去参加这场培训、这场培训会对工作产生什么样的帮助、要从这场培训中学习到哪些内容,只有带着要求去参加培训,员工才会重视。

培训结束后,参训员工要总结学习内容,并在店面进行转训,这也是检验他们学习效果的方法。最终，还要针对所学内容，制订培训提升计划表，管理者则要持续跟踪培训效果。

培训提升计划表					
姓名：		店面：	入职年限：		学习时间：
请写下在本次课程中您所认同并愿意在今后工作中运用的知识点（不少于3条）					
学以致用		知识点	应用方法及具体的行动量		课后1个月的自我审视
^		1			
^		2			
^		3			

7. 建立员工培训档案

作为员工档案组成部分，培训档案涵盖了员工入职以来的所有培训记录，包括所学课程内容、培训成绩以及提升计划表的效果，这些能为员工的岗位调整提供参考依据。

四、授权留人

适当的授权是培养人才、留住人才的一种主要方法。

1. 广义上的授权

广义上的授权，强调的是充分信任每一位员工，给予他们主动思考和解决问题的空间。鼓励他们做出决定和开展行动，员工只有在不断的试错中，才能得到经验和教训。店面付出了一些代价后，收获到的是员工能力的提升，以及他们内心对店面和管理者的感恩。这样，想必他们不会轻易离职。

实战中，一些刚走上管理岗位的员工，会将权力看得很重，几乎每件事情都要征求他的意见。这样做，影响工作效率不说，还会给团队带来极大的压抑感。这种局面不利于员工发挥自身的能动性，他们不能创造性地开展工作，因为管理人员根本就不需要他们思考。这样的员工就犹如一台机器，没有温度，随着年龄、知识、阅历的增长，他们会逐渐反感自己的工作环境，离职是必然的结果。

2. 狭义上的授权

狭义上的授权，是向具体对象进行授权，通常会授权给重点培养的对象。此时的授权能够让下属共同分担店面的责任，从而增强他们的使命感，让他们能站在一个更高的层面上来思考工作。

狭义上的授权需要遵循一定的程序和准则：

① 客观科学。管理者应对将要被授权的下属有充分的了解和考察，认为对方是可以信任的，才能授权。

② 适度。根据下属抗压能力的大小，授权应轻重适度，避免超出负荷。若不得当，下属在行使授权的工作时会遭受打击，从而怀疑自己，丧失信心。

③ 责任连带。本着权责相当的原则，授权时应明确责任，将权力与责任一并授予下属。管理者要郑重告知下属会与他一起承担责任，从而加强对方的重视程度以及被授权后的责任心。

④ 适时监督。授权并不意味着放权后放任不顾，针对下属在运用授权处理的工作内容，要及时地与他们沟通，并不要急于发表过多的意见，应以了解为主。对于做法正确的地方，给予鼓励；做法欠妥的地方，不要使用过激的言语批评，而是帮助分析并给予指导，让对方走稳、走准！

五、情感留人

人聚在一起是人群，心聚在一起才是团队。心，是团队成员之间的情感纽带，它能让团队成员相互吸引，促使彼此产生温暖的互动。一支典型的高凝聚力团队，大家的心聚在一起，荣辱与共。这绝非一朝一夕之功，管理者是团队的核心，在日常的工作中，自身就要做到"有心"，"有心"体现在每一个细节里。

一起来检验一下自己对团队员工的了解程度，大家在内心中选择一位员工作为对象，问问自己了解对方吗？

> 他最喜欢的一项运动是什么?
> 他的饮食习惯是怎样的?
> 他最近在工作或家庭中有什么值得庆祝的事情?
> 他非常希望可以改善的一项习惯是什么?

不知道大家的答案是怎样的,然而类似的问题还有很多很多。

一个由"有心"人带领的团队,它的基本特征是有创造力,士气高昂,勇于接受新的目标;员工们对团队忠实,有高度归属感,互相接受和包容,团结一致,以完成团队任务为己任。

由此,大家不妨对照一下自己的团队,它是否具有这样的特征。如果没有,该如何去改变呢?实战中,以下这些方法颇为实用:

1. 了解员工的生活

除了了解员工的工作,也要尽可能多地去了解员工的生活。每个人都渴望得到友情,而友情就是基于双方的彼此了解。了解员工的生活,管理者别认为这是在窥探隐私,也绝不是打探八卦。当管理者对成员的了解越多、越全面,管理者就越能理解他们的工作状态,并给予切实的帮助。只有这样,管理者才能走进对方的内心。这就是情感留人的第一个方法。

2. 重视民间领袖的影响

民间领袖是团队里最活跃和最热情的人,他消息灵通,意见也多,虽然不是领导,但团队成员会对他心怀一丝敬畏。对于这样的员工,管理者别刻意打压,而是要加以引导,让对方能在团队内部发挥正能量,变成官方意见的传声筒和疏导器。

3. 营造日常仪式感

平凡的日子需要惊喜和刺激,工作也需要偶尔的仪式感。仪式感不仅是团队的一种态度,更是对自己、对他人的一种尊重。实战中,可以在许多环节中增加工作的仪式感。

① 销售环节的仪式，如店面目标责任状的签字仪式，成交的庆祝和分享仪式，大单、PK竞赛的奖励仪式，等等。销售本身是自带压力的，仪式感可以减轻指标数据带给员工的压力和负担，让员工知道管理者非常重视他们的每一次成长和成功。

② 非销售环节的仪式，如店面集体生日仪式、每周固定的下午茶仪式、员工入职纪念日的祝福仪式，甚至是在员工的人生纪念日里，给予对方或是对方家庭意外的惊喜，等等。管理者不必在意对方是否会抱有感恩的心态，只要用心了，时间能带来想要的结果。

4. 塑造有心的团建文化

团建活动不是简单地组织大家参加一次拓展培训，也不是每月随性地出去玩一趟、吃一顿。有心的团建并不在于频率和花费，而是让大家感受到快乐的团队氛围，看到管理者"有心"的态度。

笔者曾在店面推行团队家宴文化，每月邀请一位员工的家人进店参观，一起用餐；每季度举办一次美食节，员工自己做菜，一起用餐，这些有心的团建活动能让员工感受到家人般的欢乐。

情感留人方法还有很多，而最关键的只有一个，那就是将心比心。管理者用心对待每位员工，员工也会用心来对待管理者。管理者应时刻牢记，自己身上的业绩指标需要在每一位员工的努力下才能实现。

六、疏导留人

管理者应时常为员工疏导压力，换位思考，带着同理心去聆听对方的困难，客观对待他们面对压力时的感受，一点一滴地疏导。有些员工离职是因为被"憋坏了"，内部问题给他们造成了太大的压力，但苦于没地方说或者是不敢说，那就只能是"自己收拾东西走人"，因此为了防患于未然，店面要开放员工表达的通道，并且要让员工相信这条通道是阳光的，是安全的。

重视使用以下3种工具，能让员工通过"吐槽"缓解压力。

1. 总经理信箱

总经理信箱能让员工直接向最高级的管理者反馈自身在工作中遇到的困惑，或是提出一些建议。大家不要认为这是越级报告或是打小报告，只要店面引导好，这个信箱可以变成对产品质量、服务质量、工作作风进行监督的一个有效工具。员工是听得到炮火声的人，他们有着最诚恳、最接地气的想法。

2. 员工满意度调查

设计出务实的调查内容，应包含评价各部门服务的满意度，让员工反馈出各部门真实的工作作风。团队内部的官僚主义会直接导致工作效率低下，间接导致订单丢失和人才流失。调查内容应包含薪资的满意度评价，毕竟薪资也要符合市场行情，有竞争力的薪资能让员工感到满意，降低离职的概率。

3. 360测评

顾名思义，这是针对被评价者的行为表现，从被评价者的上级、同级和下级3个方向进行的全方位评价。它是基于"群众的眼睛是雪亮的"和"要想人不知，除非己莫为"等社会公理发展起来的。由于采取的是不记名的方式，360测评除了能给管理者提供团队成员的客观评价结果，还能促使员工表达自己的真实想法。

人员流失，最大的原因就是员工受到了委屈，并且还没有一个表达心声的途径，委屈多了就会沉默，而沉默多了就会选择离开。

七、留人的合同续签

在员工的劳动合同到期后，一些管理者认为双方直接签个字就可以继续下一个合同期，其实不能这样简单处理。劳动合同到期，是否要与员工续签合同，管理者要加以重视。

精细化管理的店面，会将续签合同变成一个管理手段，续签前向员工发送合同续签意见表,让员工自己总结工作上的得失,并规划自己的职业发展方向。最终在续签合同时,由人事部门、员工的直接上级以及高一级管理者三方与员工进行正式的面谈,让员工充分感受到店面对续签合同的重视,这其实也是对他本人的重视。

正式面谈时,要对员工在上一个合同期的工作表现进行总结,其中包括员工所取得的成绩和不足的地方,这份总结需要以书面的形式发送给员工。以上三方人员对员工进行的评价,应以鼓励为主,警醒为辅,最主要的还是要与员工沟通未来的发展期许和成长方向。

人员管理要点六
离职管控

人力资源行业中有员工离职的"232法则",即员工在2周内的离职是因为承诺没有兑现,发现现实与理想的差距甚远;3个月内的离职是因为不能接受培训的方式或是福利待遇得不到满足;2年内的离职是因为发现没有升职和升值的机会。

这样看来,导致员工离职的原因有很多,但归根到底就是"干得不爽"。

入职2年内的员工离职,零售店面损失的用工成本最高,因为员工已经逐渐进入了成熟发展期。除了用工成本,还有情感损失。管理者为对方辛辛苦苦耗费了心血,指望他们能出成绩,突然间,一纸"外面世界那么大,我想要出去看看"的辞职信放到了自己的面前,一定会产生"我本将心向明月,奈何明月照沟渠"的感受啊!

不管怎样,员工离职总是不可避免的,但要控制好员工离职率,以及尽可能避免因员工离职产生的更大损失。这种更大的损失包括直接的经济损失,比如因为辞退员工的手续不缜密,造成了劳动纠纷,员工索要经济赔偿;也包括间接的经济损失，比如丢失意向客户和与老客户失联。

员工离职也有可能导致其他员工的效仿，引发离职潮，这也是员工离职的延续性风险。因此，为了减少内部工作失序，务必管控离职过程。具体要做好以下5个方面的工作。

一、规避法律风险

主动离职的员工，店面应当要求对方手签辞职申请书；主动辞退员工时，店面必须有规范的解除劳动合同通知书和解除协议书，协议书应当注意规避法律上的潜在风险。

如果是员工违反劳动法，店面必须找到确凿的证据。较为常见的是员工的工作能力无法满足岗位的需求，因此店面辞退员工，应当具有书面的改进面谈记录和能力提升的培训记录作为辅助材料。

切记，除非已准备了确凿的材料，否则别轻易向员工发送解除劳动合同通知书。

二、处理交接手续

对待员工离职的交接手续，态度不可马虎，尤其是销售岗位的员工离职，还应当注重其手中客户交接手续的严谨性。

❶ 使用规范化表格交接客户信息。

❷ 为避免丢失客户，严禁销售顾问之间私自交接客户信息，而应当在人事部门的监督下，交接给直接上级。客户交接结束后，店面第一时间通知相关客户。

❸ 考虑离职员工是否存有延续工作关系的可能性，一种是编外员工，另一种是后期回归，针对这两种可能性，店面可以采用一些灵活的方法。

❹ 为避免后期纠纷，离职员工须在薪资结算单上签字确认。薪资结算时，店面要妥善处理待送货订单的提成。

实战中，待发提成是把双刃剑，如果离职后不再发放，至少可以约束一部分销售顾问，因为自身也有离职成本，所以不会轻易选择离开。如果延续发放待发

离职销售顾问客户交接表

意向客户信息项

序号	客户姓名	联系电话	楼盘地址	意向购买套细/组别	预算/万	进店次数/次	家访时间	方案进展	最后进店时间	最后联系时间	预计下单时间	客户情况备注	交接新销售顾问
1													
2													
3													
4													
5													

已下单老客户信息项

序号	客户姓名	联系电话	楼盘地址	购买套细/组别	金额/万	下单时间	送货时间	最近进店时间	最近联系时间	客户性格特征	有无推荐新客	客户情况备注	交接新销售顾问
1													
2													
3													
4													
5													

离职销售顾问签字:　　　　　店长签字:　　　　　销售经理签字:　　　　　客服部签字:　　　　　总经理签字:　　　　　人事留存签字:

提成，虽说有一定的人性化意味，但也有可能导致随性的离职，所以店面在综合考虑后，一般会延发离职后3个月的提成。

三、慎用法务约定

1. 员工保密协议

对于所有在职员工，即使没有签订保密协议，也有对公司涉密信息保密的义务。保密协议主要适用于《中华人民共和国民法通则》，双方是相对平等的，自行约定条款，也可随时自行解除协议，但针对董事高管是不能约定解除保密义务的。

员工保密协议可以单独拟定，也可以作为劳动合同的附件条款。保密期限没有法规限制，而是遵循双方的约定。保密协议也不一定要约定补偿金，因为可以将签订保密协议作为与对方签订劳动合同的一个前提。

2. 竞业禁止

竞业禁止条款是《中华人民共和国公司法》法规的一部分，竞业禁止仅限于公司董事高管，是董事高管的法定义务，所以无须签订书面协议，也没有补偿金。竞业禁止无期限之说，董事高管入职后义务开始，离职后义务自动消失。

3. 竞业限制

竞业限制是公司与能接触到涉密信息的员工签订的协议，比如董事、部门领导、核心员工等等。此协议限制员工在离职后一定期限内不得到竞争对手公司工作或者担当顾问，也不得自行创办同类型公司。

竞业限制不得单独拟定，要作为劳动合同的一部分或是保密协议的附加条款。必须采用书面形式，在协议中须明确约定竞业限制的时间、业务范围、地域以及补偿金额（一般按照员工离职前平均工资的20%～50%），并且不得超出法律的规定。

竞业限制主要适用法律为《中华人民共和国劳动合同法》，而该法更倾向于保护员工权益，所以约定条款都受限于法规。双方可以约定解除协议，除非公司3个月未支付补偿金，否则员工不能单方解除权利，而公司却可以单方解除，但员工有权要求公司额外支付3个月补偿金。

与竞业禁止和保密协议不一样，竞业限制是离职时最常见的协议，也是签的最多的协议，所以关于竞业限制大家需要了解更多。

❶ 与普通员工签订的竞业限制原则上是无效的，不过假若某位普通员工确实能接触到商业秘密，也可以签订。

❷ 若竞业限制协议中未约定如何补偿，在员工离职前该协议无效，员工离职后也有权不履行约定；即使未约定如何补偿，但员工离职后已经履行了竞业限制条款，员工仍然有权要求公司支付经济补偿；如果支付给员工的补偿没有达到法定标准，即使员工签订了，之后也有权反悔。

❸ 不得将竞业限制条款约定在自行制定的规章制度里。

四、调查离职原因

员工一旦提出离职申请便很难挽留，此时店面的重要工作是挖掘出员工离职的真实原因，避免重蹈覆辙。

通常员工在临走前，会找一些听起来还不错的理由来搪塞，觉得自己都要走了，没必要得罪管理者，**多一事不如少一事**、平稳交接、拿到待发薪水就走人。离职员工或许还会在同一个行业里工作生存，不至于与现在的团队搞得特别尴尬。离职员工这样的想法，会让店面难以获取到真实的离职原因，那该如何去处理呢？可以参考以下几种方法：

1. 离职面谈

通过离职面谈可以挖掘离职原因，但有时候面谈并不会很顺畅。如果员工平时就很认可HR，他自然愿意跟他交谈；若是不信任，他们一开始就怀有戒备的心理，这会增加面谈的难度。这时对于HR来说，掌握一些面谈的技巧很有必要。

用真诚的态度来消除对方的戒备心理，并且承诺会对面谈内容保密。面谈过程中一定要多记笔记，尽量记录原话，避免按自己的理解进行加工，面谈结束后及时整理归纳。

2. 离职问卷调查

有些员工确实不想跟HR或是管理者进行面对面的交谈，又或许在离职面谈中，店面得不到太多真实的信息，那么就可以使用离职问卷调查。通常，通过线上调查的方式更好，离职员工可以在放松的心态下，在手机上勾选选项，HR统计结果也比较方便。

3. 多方了解求证信息

对于一些关键岗位员工的离职，在挖掘离职原因时，除了向他们本人了解外，还应当花点时间和精力，通过他部门的上级、同事等人员去了解。这些人员与离职员工在平时的工作交往过程中，也会获取一些信息，比如双方曾经聊过什么，离职员工提出过哪些想法、吐槽过哪些内容、最近又发生过什么事情等等。

多方了解和求证信息，是帮助管理者客观评估离职员工的表现，这也是向团队传递出关爱员工的信号。

4. 过段时间再回访

员工有时候不愿意在离职面谈时谈太多，是因为他那时候还在职，不愿意得罪公司或其他人，即使是个人原因，有时候也不方便讲太多，担心影响正常的离职流程。所以，在他们离职过后，比如是一个月以后，店面再做离职回访，这时他们也许愿意跟管理者无所顾忌地多聊聊，而管理者获取到真实信息就相对容易些。

五、建立"离职员工群"

一些公司秉承着"离职员工也是公司资产"的理念，建立了离职员工的联系机制，比如阿里巴巴就有重聚前员工的阿里校友会。离职员工群体本来就应当被视为公司的人才库，其中也不乏会有吃"回头草"的人才。即使做不回同事，离职员工也有可能为店面带来新客户和订单。在商业社会时代，彼此"相忘于江湖"并不可取。

一般来说，当员工提出离职后，才开始挽留，大部分为时已晚，挽留的成功率也不会太高，即使挽留成功，店面也会付出较大的成本。离职挽留的最好时机应当在员工提出离职前，当发现员工出现了离职征兆时，管理者和HR就应当及时采取一些挽留的措施。

通常，看到别人家的优秀员工，管理者就会非常羡慕，总认为别人家的员工好，其实不然，大家应坚信自己现在拥有的员工就是最好的。

店面在哪里付出了时间，就会在哪里得到收获，管理者应多花些时间，用心关注每一位员工，认真帮扶和引导。人才，终究是时间的馈赠！

第七章
聚焦经营的客服体系

　　当冬天来临之际,松鼠会不停地把松子搬运到安全的地方埋藏起来,因为它们心里明白,如果不趁着天气变冷之前多储备些食物,自己冬天就会被饿死。正是因为松鼠将松子埋藏在泥土里,大地才会在第二年开春时生长出新的松树,逐渐就长出了浓密的森林。

　　"松鼠精神"被广泛运用在客户服务体系里,如果店面没有储备老客户的意识,没有高效的维护方法,在"冬天"到来的时候,就有被淘汰的风险!

客服营销思路一
扩大粉丝客户

客服营销的目的是有序地为品牌和店面培养忠实的粉丝客户，只有这样，客户才会为店面带来新的价值。所谓有序，是指销售顾问通过自身的努力，逐步提高粉丝客户在所有客户中的占比，只有将客户转化成与自己同频的粉丝，才具有营销的意义。笔者分析了众多粉丝客户的基本信息，以及他们与店面的互动表现，总结出粉丝客户的一些共性特征，它们能帮助大家精准辨别出哪些客户具备成为粉丝客户的条件。

一、购买速度快，并保持持久的联系的客户

这些客户从初次进店到最终决定购买的时间不会很长，决定的时间越短越能体现出他们对品牌、店面以及销售顾问的认可，只要店面没有做出有损信任的事情，他们就会变成粉丝客户。

在成交以后，粉丝客户除了与销售顾问保持频繁的互动以外，也会与店面的其他员工有联系，比如客服职员和维保员工。客户在使用产品的过程中会逐渐加深对品牌的感情，购买产品的时间越久，感情就越为深厚。店面应与粉丝客户保持密切联系，适当给予对方惊喜。

二、热爱家居美学的客户

粉丝客户的性格以可靠型和表现型居多，生活重心更偏向于家庭，对产品有选择决定权。他们即使不准备购买产品，也会偶尔进店坐坐，犹如在自己家里一

样感到放松。他们对自己的审美非常自信，热爱颇具美感的家居陈列，并希望从中找到乐趣，因此，店面应偶尔更新房间内的产品和饰品，适时给予客户们展陈的新鲜感。

三、具有友好的态度，并愿意积极互动的客户

粉丝客户通常都具有友好的态度，只要接收到店面发出的活动邀请，他们都愿意积极参加。他们通常都关注了店面或品牌的微信公众号，并会有所阅读，偶尔还会评论其中的文章。

面对产品和服务产生的问题，粉丝客户的处理方式比较友好，会换位思考来接受销售顾问的意见，甚至还会忠告销售顾问不要再发生类似的事情。店面不能伤害粉丝客户，只有真诚地付出，才会获得更积极的回报。

客服回访时，粉丝客户说得很多，会主动说出针对产品和服务的改善建议，甚至还会给予销售顾问深挖身边潜在客户的方法。

四、来源于转介绍的客户

粉丝客户中的一部分，之所以选择了店面的产品，最初也极有可能源于其他粉丝客户的推荐。其实，正是粉丝客户有意和无意地转介绍，才确保了店面精准的新客流，只是销售顾问往往不知情而已。

以上是粉丝客户身上的一些表象特征，现在请认真对照一下店面的老客户，找出具备这些特征的老客户，想办法与他们见面，真诚地感恩他们，用仪式感的行为来巩固彼此的关系。

期望将客户转换成粉丝客户，店面需要将服务意识根植于每位员工的内心，把服务做到让客户感动。因为服务的好坏不是由销售顾问自己说了算的，而是由客户说了算，客户说的内容很重要，但更重要的是客户愿意去说。

客服营销思路二
寻找老客户

早先时，店面追求急速发展，对客户信息会有所疏忽，因此留下了不少遗憾，丢失了绝大部分的老客户信息。而现在，销售顾问就应当想办法找回他们，围绕着"寻找老客户"这一颇具意义的措施，提高店面全员的重视程度，积极拓宽寻找的途径。以下是笔者寻找老客户的两个小案例。

案例1

笔者在某小区做活动时，有位业主要搬来一些老家具，苦于找不到专业的拆装师傅，正好看到我们，就来寻求帮助。我们不但帮对方拆装了家具，还为家具做了简单的保养。这位业主非常认可这样的服务，于是认真了解了我们的产品，并去店面选购了一部分产品。

后来笔者跟物业讲述了这个故事，结果又促成了物业跟店面的官方合作，联合举办了免费拆装家具的公益服务。笔者自然通过这场活动获取了不少的业主信息以及销售的机会。

案例2

朋友给笔者打电话，他的朋友想要为旧沙发重新换个面料，顺便再添一些家具，因为是亚振品牌的沙发，就请求协调一下。这对我而言，真是一件美好的事情，找回了一位老客户不说，顺便还销售了一部分新产品。

案例解读：

案例1　对于客户原先购买的那个品牌或店面而言，这位客户本来是能够产生复购的，可是因为双方失去了联系，从此他就成为其他品牌、其他店面的粉丝客户。

案例2　如果笔者经营的不是亚振，而是其他品牌，并且也用同样的服务去满足客户的需求，那么，他是不是也有选择我们产品的可能性。一旦选择，对于亚振而言，也就失去了这位老客户，后期再想拉他们回来，要困难许多。

你的老客户有可能会变成别人的新客户，同样，只要你自己有意识并足够努力，别人的老客户也会变成你的新客户。

一、寻找老客户的3个原则

❶ 只有店面管理者充分重视，全员才会真正地行动起来。一把手亲自过问细节，亲自制订寻找的方法和制度，寻找老客户的活动才不至于流于形式。

❷ 分清楚责权利，解决好寻找和维护老客户之间的衔接过程，店面务必要有正向的奖惩措施。

❸ 用一切有可能接触到老客户的方式去推进寻找老客户的符号化营销。

二、寻找老客户的6种方法

1. 梳理历史订单

美克美家从建立国内的零售网络开始，就使用信息系统来录取客户的订单，所以留有完整的客户信息记录。亚振经历过发展初期后，也逐步加强了信息化建设，不断梳理历史订单，并使用多种方法来提升客户信息的准确率，所以，这两家企业都有较为完整的老客户信息。

2. 倡导符号化宣传

将寻找老客户这一活动制作成展示牌，展示在每个外场活动现场。不管是跟异业伙伴联合组织的活动，还是在某小区举办的业主沙龙，甚至是在送货现场，都要展示这块"寻找老客户"的展示牌。

店中店尤其要重视对它的宣传，在店内一些客户视线容易触及的区域，展示"寻找老客户"的展示牌。应将"寻找老客户"作为营销符号印刷在所有的宣传资料上。

3. 充分利用互联网

在微信公众号的任何一篇文章的结尾部位，都要留下"寻找老客户"的符号。为寻找老客户，微信公众号还可以开发出好玩的、有吸引力且易于扩散传播的互动小程序。制作"寻找老客户"的系列短视频，将其植入到每位员工的自媒体平台上，比如抖音、B站。

4. 重视员工的反馈

对于能够接触到客户的员工，管理者应不断向他们强调寻找老客户的意识，规范他们的具体操作。销售顾问在遇到老客户时，一定要设法留下对方的联系方式，并及时报备给指定的工作人员，随后录入老客户信息表。

任何人接听到报修或咨询服务的老客户，都必须筛查对方的联系方式，倘若表格内没有该客户的信息，就应当立即为他们建档。店面务必严格要求，确保所有员工都清楚彼此之间的配合，因此除了需要大家提高收集客户信息的敏感度以外，也要重视围绕着客户信息的日常沟通。

5. 回访客户

回访刚成交不久的客户，从回访中探寻对方了解到品牌或店面的途径。假如对方是老客户转介绍而来的，店面就应及时向那位老客户道谢，让他感受到店面的积极回应。如果发现他是一位没有任何信息的老客户，这就意味着店面可能又找到了一位粉丝客户。回访话术中必须设计出寻找老客户的话题，并且要表明店面寻找他们的原因。

6. 从异业处获取

店面与异业保持住良好的关系，通常是希望从他们那里获取新客户的信息，但也别忘了，老客户也有可能出现在他们那里。因此，大家应利用异业与老客户之间既有的良好关系，了解一下市场中有哪些同行店面已经在向自己的老客户们销售产品和提供服务，如果有这种情形，就应警醒。

寻找老客户的方法应该还有很多，但不管方法如何，一定要坚信这是一把手工程。店面应充分重视，设计好，宣传好，让此类活动逐渐成为店面独有的一种营销符号。

三、老客户信息表的使用

建立老客户信息表是一项具有前瞻性的工作，目的是对老客户的各种信息进行有序的分类，以便能够有效使用。

店面每成交一笔销售订单，每寻找到一位老客户，都应当在表格里增加他们的完整信息。精细化零售，其精髓在于"用心"。员工在填写和整理老客户的每一项信息时，都应该带有温度，仿佛就在跟对方聊天一样，这样才会更加深刻地了解客户。

实战中，笔者针对老客户信息，会细分许多项内容，包括老客户的现居住楼盘、新居住楼盘、年龄、生日、从事的行业、性格特征、重点爱好、进店渠道、消费金额、购买套系、初次进店时间、有无家访、有无设计方案、累计进店次数、下单人、现在维护人、购买时间、送货时间、服务星级、维护级别、投诉记录、维修保养记录、转介绍记录……

大家或许会觉得这份表格的细分内容有点多，也会怀疑它们的价值，但是，每一项细分的内容都有对应的意义，也确实能为销售顾问们带来具体的帮助。

老客户信息表的详细使用方法在笔者另一本书《精细化零售·实战营销》中金牌销售顾问的基本技能章节里有重点的阐述，此部分仅举例阐述老客户性格特征这一项，以助于大家能了解其中的要义。

老客户信息表

备注											
邮箱											
转介绍记录											
参加活动记录											
维护要求											
投诉记录											
保养记录											
服务星级											
爱好											
行业											
生日											
住房面积/m²											
主要套系											
详细地址											
联系方式											
现维护销售顾问											
下单销售顾问/建立人员											
未送货金额/元											
送货金额/元											
销售金额/元											
送货日期											
最近一次下单日期											
第一次下单日期											
年龄段											
折扣/%											
客户性质											
DESA风格											
性别											
客户名称											
客户编码											
购买店面											
购买年份											
序号											

店面根据老客户性格特征开展针对性的跟踪和维护,比如某位表现型的客户喜欢热闹,店面组织活动时,可以重点邀请他们来参加,因为他们乐于接受邀请,能够活跃现场的气氛,或许还会带着有产品需求的朋友前来参加。

老客户性格特征还有其他的作用,比如某位分析型客户,服务星级还很高,那么,店面就要格外重视提供给他的后续服务,确保送货安装的质量。不能因为小问题,导致他的不满和投诉,从而降低满意度。如果将服务做到极致的话,除了能避免不必要的麻烦以外,还能获得老客户内心的认可和转介绍的机会。

再者,倘若店面需要为老客户重新安排维护人员,管理者肯定会思考该交由谁来维护,他是否能维护得好?这就得参考双方的性格特征,如果彼此的性格不合拍,效果就会适得其反。管理者应科学分配离职销售顾问的客户资源,而不是凭着个人经验简单随性地分配。

客服营销思路三
与老客户互动的实战方法

一般说来,客户的满意度主要取决于对服务的期望值以及店面能提供的服务内容,只有向客户提供了超出他们期望的服务,才能提高客户的净推荐值。

如果为老客户提供的服务与竞争对手基本一样,显然并不会让老客户对销售顾问有特别的感受,在这种情况下,销售顾问充其量只能从他们那里获取到小部分的收益。多维度互动是店面对服务责任的担当,而责任又无处不在。不断与老客户产生联系,除了及时了解他们的需求、提供切实的服务以外,还应关注到销售之外,持续探索出具有差异化的互动内容。

笔者在实战中使用并更新过不少的互动方法,此处罗列了20种,并通过真实的案例来阐述它们的价值点和使用细节。

一、设计"添点儿吧"补购活动

在每次回访客户的过程中,笔者发现不少客户需要添置一些小件产品,由于它们不是必需品,所以客户也没有特地进店补购。面对这种情形,店面设计了"添点儿吧"活动,准备了多件产品,并为它们制订了足够优惠的"携友价",目的是希望通过"添点儿吧"活动,提高老客户带朋友一起进店的机会。

这种活动是在发现客户的期望值后,为对方提供投其所好的产品,显然这是一种真诚和体贴的互动。在满足客户需求的前提下,尽可能地结合店面转介绍的需求,化被动为主动。更高级的做法,是将这个活动演变成一种营销符号,与"寻找老客户"一样,在老客户群体里持续推广。

二、偶尔制造惊喜

为了做到精准营销,品牌和店面通常需要塑造出一个懂生活的人设,因此互动活动也要能彰显出品牌独特的个性。笔者曾组织过赠送老客户下午茶活动,快递一份精致的下午茶套餐到客户单位。为提升效果,笔者事先并未告知客户,所以许多客户在收到下午茶时,会有意外的惊喜。客户感受到的是一种超出预期的服务,因为能给他们带来情感上的感动和内心的幸福体验,这是服务的制高点,激发了客户的情绪,并促使客户和他人一起分享。

三、组织磁性活动

某年中秋,笔者组织了一场主题为"合和之美"的摄影活动,邀请客户拍摄含有家具的家人团圆照片,上传店面公众号,参加评选。每一张被定格下来的家具场景,因为富有温度,所以更能打动人,会让更多的普通人产生感悟和联想,这是"合和之美"活动的意义。店面以线上形式进行推广,除了吸引老客户参加互动,还能利用照片宣传家文化,这也体现了品牌的社会担当。

这场活动吸引了许多老客户的参与,大家通过朋友圈踊跃拉票。从他们反馈给销售顾问的朋友圈截屏来看,好友评论中就有不少关于家具的内容,这是顺其自然的活动收获。设计活动之初,笔者并没有刻意强调要为店面带来多少新增客流,没有功利心,反而让客户感觉更好,这样的活动才有磁性,才能吸引他们的参与。

四、赠送有温度的礼物

送礼物不难,难的是礼物能显得很用心、很特别,客户收到礼物后会心生欢喜,更难的是能一直坚持!

实战中,笔者经历过多次选礼物的过程,普通的礼物缺乏温度,所以就尝试使用一些特殊定制的礼物。比如:工厂制作的精美小件,上面刻有客户的姓名和生日日期,这样既能体现出工艺水准,还能有品牌背书;由员工手绘的生日贺卡,这样既能体现出他们的用心,也能侧面向客户传递出专业能力;管理者亲自书写的暖心祝福语,并请员工一起签字,这样做,会让客户感觉到这是一个有温度、懂得感恩的团队,彼此的内心会更加贴近。

对待老客户,任何修饰的言语都不及一次走心的行动来得有用!

五、提供二次置家服务

店面不要让二次置家服务流于形式,或是只做服务不做总结。真正的服务不只是肤浅地走形式,而是要与客户现实生活中的需求相结合,满足了客户的根本需求才能获得最大的效益。

店面通过二次置家服务,能让客户新房楼盘的其他业主近距离接触到品牌和产品,服务现场的告示牌就能派上这样的用处,陪同服务的员工也能顺便观察一下楼盘,寻找获取其他业主信息的机会。

二次置家服务不要拘泥于拆装家具,还可以围绕着软装饰品做些文章。只要充分利用一次、二次置家服务,付出的成本较于收获根本不值一提,所以店面应当对这样的服务充满热情。

六、组织答谢活动

细分老客户群体,选择一部分与店面同频道的老客户,每月举办一次小型的客户回家日活动,每季度举办一次店面的美学沙龙,每年举办一次大型的客户答谢晚宴。

师哥李勇平先生曾经跟笔者分享过一个故事:在某次客户回家日活动中,有一位粉丝客户令他印象特别深刻。对方当天恰巧刚回国,下了飞机以后,特地回家换了套正装赶来赴宴。席间,该客户介绍了自己结识品牌的过程,也说了之所以要换上正装,是出于对品牌的高度认可和尊重,她认为能够拥有一套如此完美的家具是对自己人生的肯定。她的直白表述感染了在场的许多老客户,对于品牌和店面而言是一支有力的强心剂,会督促销售顾问们做得更好,才能不辜负客户们的期望。在这场活动中,店面不仅收获了信心,也收获了更多老客户对转介绍的承诺。

七、特供专属性的活动

店面可以专门为一位老客户举办闺蜜下午茶或是生日派对,这种专属性活动旨在让老客户能邀请朋友来店面坐坐,店面负责为老客户提供具有足够尊享感的服务。别认为这些活动很难办,其实不然,在店面公众号里开辟出单独的栏目,通过系列文章来包装活动,老客户逐渐会被吸引。店面从老客户信息表里筛选出那些具有表现型特征的客户,在邀约时,着重向他们描绘活动的场景。

这种活动,也可以在设计师群体内进行推广,比如为某位设计师专门举办一次活动,答谢对方多年服务过的业主客户。

八、加强与客户至亲的互动

维护客户并不只是维护客户本人,也可以适当维护他们身边的至亲。比如暑假期间,店面可以举办夏令营或开设特色手绘班。笔者曾特地从老客户信息表里筛选出孩子年龄在10~14岁之间的老客户,邀请他们的孩子参加店面的夏令营活动，带着他们去工厂采风，简单接触中国传统的木工技艺，帮助孩子近距离了解自己家庭正在使用的家具是如何制作出来的，顺便让他们感悟父母选择这个品牌的原因，让孩子们懂得感恩，这也是客户所希望看到的。

帮助客户的孩子体验生活，与孩子互动，也是在培养下一代的客户群体。

九、提供超出期待的增值服务

增值服务的项目有很多，店面能做的也有很多，问题在于大家是否愿意去想，是否愿意做。比如为老客户提供免费的存储服务，存储他们暂时不用的家具或是换季窗帘。倘若客户恰巧需要类似的服务，销售顾问能为客户解决一件令他头疼的事情，不也能换回对方内心的感谢吗？其实，这种服务并不会频繁发生，但是销售顾问做了，就可以向老客户宣传，对于店面来说，难道不是一项非常有价值的措施吗？

增值服务，除了店面自己提供的以外，也能从其他行业伙伴那里进行争取，借鉴银行维护信用卡客户的方法，向老客户传递出全方位的关爱，只要关爱不断，就会带来惊喜。

十、创造优先尊享的购买机会

笔者曾针对老客户举办过单独的产品特卖活动，特地闭店一段时间，在店面营造出优先尊享的购物氛围，活动只向老客户开放。这就促使销售顾问与老客户之间产生了一次相对聚焦的互动，当然这也是店面清样的一种手段。

十一、设立友情存折

通常，店面会根据客户的消费金额，赠送对方一定的积分，用于换购产品。为此，店面可以每周举办一次软装盛宴活动，促使客户使用积分来兑换软装产品，增加后续消费。

除了在软装盛宴活动中向客户赠送消费的积分以外，还有多种向客户赠送积分的机会，比如客户的重要纪念日、老客户产生转介绍的时机。这些积分，势必会促使客户进店，在带动换购消费的同时，销售顾问通过交流，也能从客户那里收获一些其他有价值的信息。

实战中，笔者曾设计出颇具仪式感的友情存折，它被用来记录客户每一笔积分的变化。

十二、定期快递宣传资料

虽然通过线上的方式可以及时向客户传递各种宣传信息，但零散的信息毕竟不如一本像样的宣传册来得更有意义。一份宣传册的制作成本并不高，店面是具备这个条件的，宣传册的效果比微信文章要更直观，客户可以随时翻阅。

精美的宣传册会深得客户的喜爱，比如宜家的月刊，客户拆开外包装的那一刻，就是品牌与客户的再一次见面互动。

十三、充分利用互动小工具

互动小工具通常是用来向客户传递信息的，之所以要单列出来，是因为这些工具需要通过精心设计才能发挥出它们最大的功效。比如现金抵用券、新品体验券、特权卡、亲情优惠卡、服务券、咖啡券、店面停车券、量身定做的软装升级方案，以及有着良好合作关系的第三方优惠券。

实战中，并不是每个小工具都能发挥作用，所以大家容易忽视个别工具，其实每个工具都有它的存在价值，或多或少地能够给店面带来帮助。

十四、线上互动

在线上，尤其在微信上，销售顾问与老客户的互动不容忽视。尝试二次开发店面的微信公众号模块，以便高效服务客户；搭建公众号的线上小程序，为客户提供简单易操作的报修平台；及时向老客户们告知公众号的模块内容，提升他们与店面在公众号里的互动率。

店面官方运营的抖音、快手等账号，应适当增加与年轻客户的互动内容。通过多种线下活动的推动，尽可能让老客户关注店面的线上账号。在笔者所著的《精细化零售·实战营销》里，"玩转微信"一章着重讲述了店面和个人如何通过微信与老客户产生更好的互动。

十五、增加客户代表进行维护

维护客户的员工出现离职是导致客户失联的重要原因之一，店面后期又没能及时重视，时间一长，客户自然就会流失。任何一位老客户都是店面的重要资源，而不是员工的个人资源，因此店面有必要采用团队维护老客户的方法。

为了确保老客户与店面保持长久的联系，笔者曾设计制作了《VIP客户尊享服务手册》，向老客户介绍店面的客服代表，他们有任何的售后需求，都可以单独与客户代表联系。这样一种互动方式，让老客户感觉受到了店面的足够重视，自然会更加放心；对于店面而言，也就降低了失去客户的概率。

十六、坚持店面回访

回访客户，是店面一定要坚持做的工作。不要害怕回访的困难，先从容易沟通的客户开始，也别因为一次电话不通，就停止回访。回访的类型有初次进店客户回访、家访设计服务回访、成交回访、送货回访、售后服务回访等等。回访的话术和内容是关键，话术要有针对性，内容要有进步性，不要仅停留在客户满意度调查的层面，要让客户感受到店面对回访工作的重视。

十七、借力工厂的回访

美克美家曾举办过全国性的客户访谈活动，亚振也举办过高管上门回访老客户的活动。这些活动除了能听到老客户的建议之外，也能让老客户感受到店面对他们的尊重，因为他们也深知，店面有很多老客户，之所以选择他们，是基于双方的友好关系，以及店面对他们特别的重视和关怀，这就是老客户所希望享有的一种尊崇感。

在充分设计的前提下，店面还可以选择一些未成交客户来参加回访活动，倾听他们当初没有购买的原因，这样能帮助店面认清差距，也能让品牌方意识到自身仍有不够完善的地方。毕竟不能一味地觉得自己是完美的，还是要接受得住市场的检验。

十八、举办工厂文化之旅

不要把工厂文化之旅局限于新客户的成交活动，店面还应适时选择一些粉丝客户，邀请他们走进工厂，参观生产车间。这也是一种针对老客户的感恩活动，让老客户了解自己所认可和喜欢的产品的生产过程。因为享受到的是工厂提供的待遇，所以这些老客户们会倍感欣喜。

十九、提供产品换新

针对购买达到一定年限的老客户，亚振在前几年就开始为他们提供免费的沙发面料换新服务，这是真真切切在做的回馈服务，让多年未联系的客户再一次进店，再一次近距离感受产品的变化。

这个案例虽然是出自工厂的角度，但笔者觉得店面也可以将此方法运用到自己身上，根据客户购买的年限提供某些无偿或有偿的服务，通过服务让双方再一次发生业务关系。

二十、不断更新产品

工厂产品不断的迭代更新，店面展陈产品不断的优化，这种方法，虽说是想去迎合新客户，其实也能给老客户不一样的感觉。让那些热爱家居生活、喜欢家居产品的老客户时常来店面坐一坐，看一看，感受一下店面最新的效果和氛围，这样也就达到了互动的目的。

针对与老客户的互动，上面20种方法也只是冰山一角，或许大家还需要开发更多、更接地气的方法。不管生意如何，与老客户的互动非常有必要，最后针对与老客户的互动，笔者还有两个非常深刻的感悟：

第一，每次互动，坚持初心，遵循"服务客户至上，追求利润次之"的原则。

第二，用心关注每次互动的细节，给互动一个完美的收尾。老客户的信任来自店面对每个自身许诺的真实记录，包括许诺的细节和它的实现情况。重视每一次与老客户互动的细节，更为关键的是持之以恒！

客服营销思路四
客服的8项关键职能

事实上，传统的客服职能只关注了工作的挑战性，一旦挑战性与实际情况相去甚远，反而会挫伤员工自身的士气。优化后的客服职能除了关注自身工作的挑战性外，也没有忽视员工的进步性要求，只有这样，才能让客服部门适应市场的竞争，符合行业的发展趋势。

想要达到这样的目的，首先就要明确客服工作的意义。在零售行业里，客服的重要性不亚于销售部门，甚至还应将客服定义成一个盈利的营销部门，这就犹如不少物业会借助业主大数据库进行营销。对于家居行业，客服部也一样，他们也管理着老客户的数据库。

实战中，笔者也有这样的思考并实际践行过，总结发现如果要优化客服职能，开展具体的客服营销，必须要认清客服工作的意义。

❶ 客服部门不是问题的回答者，而是意见的贡献者，创新增值服务才是关键。

❷ 合理分配客服部门的工作内容，不断降低处理投诉的工作量。

❸ 好的客服就是销售。

笔者先后为客服部门细化过许多具体职能，并根据实际经营状况和员工能力差异不断地调整，为此大致优化出8项关键职能。

一、优化处理异议的细节

基础的客服职责是处理客户的咨询和异议，为客户提供全程的售后支持服务。处理客户异议，肯定是最重要的一环，客服要不断优化处理异议的细节，尽可能避免异议的升级。

处理异议最基础的要求是采取高效、快速的解决办法，尽量缩短处理的时间，减少与客户的纠缠，让客服职员和销售顾问能将有限的工作时间用在更能创造业绩的地方。全员应当聚焦于客户成交，而不是客户异议，销售顾问如果被客户异议分散了精力，就会影响到接待和维护新客户的效率，往往这也会成为业绩不佳的原因。

优化处理异议对客服部门的要求也是一样的，避免使用大量的时间来处理异议，那样会消耗他们的时间成本，也会影响员工的心情。当下提倡快乐工作，作为管理者，有责任为员工创造愉快的工作氛围。这样才能让客服职员充分聚焦到维护老客户的工作上，乐于发挥主观能动性，积极思考和创新出与老客户互动的方法。

对店面来说，优化处理异议就是要坚决杜绝任何异议的升级，无论处理异议的最终结果如何，都不会存在独赢。店面一旦处理不慎，严重一点就会影响到品牌形象，得不偿失。

笔者经历过一起异议处理的案例，具有负面的参考价值，处理的全过程值得大家进行反思。

下面这个案例中，如果要优化处理细节，店面应当详细了解客户的背景和生活习惯，以此来评判对方的影响力和破坏力。如果异议有升级的可能性，那么就需要在第一时间评估换新成本。

无论怎样，都不应该让异议升级到最坏的结果。直到现在，网络上依然还能

> **案例**

> 某店面售出一张餐桌,因为水杯放置在桌面上的时间过长,桌面上产生了白色的印迹。客户进店要求换新,客服按惯例回复只能付费维修,这个结果自然无法令客户满意。此客户无职业,因此有时间多次进店交涉,与此同时,客户逐步寻找各种对他有利的证据,并增加了额外的索赔要求。
>
> 由于双方一直未能达成共识,于是,客户在多个社交媒体上发表了不利于品牌的负面文章,一时间引来了大量网友的围观,这些话题一度还被竞争对手拿来利用。
>
> 最终的结局是店面为客户免费换新,并给予一定的现金赔付,店面的损失远比当时免费换新要大得多。

搜索到这个案例,可见它的影响力虽然有所消退,但事实上,它却一直存在着对品牌的后续伤害。品牌否认不了,也改变不了。

实际上,当销售顾问遇到不讲理或者难缠的客户时,首先要做到的是调整自己的情绪,而不是与客户较劲,如果双方剑拔弩张,最终的结局会很惨。

这个案例清楚地告诉我们,在处理客户异议时,不能局限在自我的世界里,而要优化处理的方式,做好细节。

❶ 处理客户异议时,只要不违反规定,应当最大程度地换位思考,有章可循的同时,增加灵活的处理方式,而不是盲目自大地处理。

实战中,笔者遇到类似的异议,通常都会自己过滤一遍解决方案,想一下,如果自己是客户,能不能接受这个方案?如果自己都不能接受,那该如何去说服客户接受呢?

经营失败的店面,并非是自身的产品和质量比其他品牌差,而是因为他们疏忽了"知彼"的重要性，不会站在客户的立场上去考虑问题。做到知彼，才能掌握处理异议时的沟通主动权。

❷ 对客户的异议要积极地做出响应，尽可能用最短的时间解决问题，给客户一个交代。一些店面在内部会实行首问责任制，要求员工在24小时内对客户诉求给予回复，这不仅仅针对客服职员，而是店面的所有员工。每位员工从接到客户异议开始，就应承担起解决它的责任，不可推脱和逃避！

❸ 处理客户异议时，不但要弄清楚引起客户异议的责任部门和相关人员，还要明确其需要承担的责任。比如上述餐桌事件，从内部责任来分析，客服应当提前评估异议升级的后果，管理者更应当具有危机意识，这些对于有效处理异议来说都至关重要。

❹ 处理异议，并不能"一视同仁"，更不要盲目处理，事先通过老客户信息表了解异议客户的行业、服务星级、性格特征等信息。上述案例的处理过程中，客服显然就没有认真判断客户信息，从而就缺失了对客户影响力的评估。

❺ 无论是否认同"客户永远是正确的"这一观点，它都客观存在。无论在什么时间、什么地点、遇到什么问题，都不要将责任推卸到客户身上，也不要过多追究到底错的一方是不是客户，而应首先寻找自身错误的做法，进行反思。这样做，不仅可以避免与客户发生正面冲突，缓解矛盾，同时也能帮助店面意识到自身服务仍然存在的不足之处，从而提高服务水平，真正做到让客户满意。因此，不要与客户较劲！

❻ 认真记录处理过程并归档分析。除了要记录异议的内容以外，还要将处理的过程、结果以及客户的满意度等信息记录在案。前车之鉴，后事之师，就是这个道理。店面应复盘处理过程，明确优劣点，找出存在的问题。为了客户异议能在今后得到有效的控制，店面必须出台处理异议的具体流程和制度，加强所有人的危机报备意识。

优秀的客服职员，总能提前看到危机，并将危机化解于无形之中，有能力的客服，甚至能将异议向积极的方向去引导。上述餐桌案例，如果当时处理方式是为对方提供一张替代餐桌，再以最快的速度为其换新。在上门服务时，带份小礼物，详细指导客户家具的使用方法，顺便保养一下其他家具。最后，采访客户的感受，双方合影。这样做就能把异议处理变成了一种口碑营销。

店面应正确认识客服工作的重要性，积极倡导客服职员用销售的心态去优化处理细节，从而为店面积累区别于竞争对手客服工作的宝贵经验。

二、完善老客户信息表

前段列举了老客户信息表详细的表格形式，并阐述了部分细分内容的意义，客服部门是这份表格的建立者，因此承担着优化表格信息的责任，同时也有责任发挥表格对工作的指导作用。

❶ 及时更新、完善老客户信息表的细分内容，每天常态化地向其他部门收集客户信息，尤其是找回的失联客户信息。

❷ 根据老客户信息表里的细分内容，指导送货作业、后期服务、处理异议，结合店面维护老客户的现状，组织互动活动。

❸ 检查老客户信息表，避免因为员工的离职，出现老客户无人维护的现象。参与离职员工的老客户交接，确保规范化交接，监督交接过程，提供后续协助。比如员工离职交接手续必须有客服部门审核的环节，通知老客户更换维护人的信息也应由客服部门发出。

三、提升客户回访的效果

采取针对性的回访，全力记录客户真实反馈的信息，以便及时分析和总结，做到向内部管理要效益。

客服对新进店客户的回访，目的是核实客户信息，获取客户对店面产品及接待服务过程的满意度以及建议。

客服对流失客户的回访，销售顾问丢单很正常，通过客服部门进行针对性的回访，探究出真实的原因，分析总结，并给予销售部门一些改善建议。

客服对家访服务的回访，可以监督家访质量，不至于因为无效的家访而丢单。送货回访监督送货部门的时间预约和安装过程。回访接受维修保养服务的客户是否满意，客户还有哪些建议，这些收集到的信息，能帮助店面及时优化服务细节，从而使店面的客户服务水平得到提升和改善。

店面不断强调客户回访信息的重要性，并及时做出优化措施，让每位员工意识到客户反馈的意见对自己、对店面、对品牌的重要性。当然，回访也不会一帆风顺，有些客户不愿意配合回访，或者回访过程比较草率，没能获取到想要的信息，但是，这些都可以通过具体的制度来强化。事实证明，以相应的要求和制度为基础，在实际收益的榜样下，员工们会积极地配合。有了开始，店面唯一要做的，就是要将好的工作方法变成习惯。

四、管理服务细节

客户服务无处不在，服务细节体现在店面的各个经营环节中。

❶ 体现在沟通中的细节。客服应在沟通的细节里关注到客户的期望，因为它们并不只是呈现于表面的明确需求，而是潜藏在背后对未来的期许，如果能做到这个地步，就是一种高层次的客户服务思维。

上述沙发换新的案例，就属于这种高层次的客户服务思维，在沟通中发现潜藏需求，因此客服要具备分析老客户存在潜藏期许的可能性，策划出针对性的活动，那样才能获取客户的口碑，并在老客户群体中产生影响力，他们在享受服务的同时还会产生延续购买。

❷ 体现在接待中的细节。店面应着重维护粉丝客户，给予其专属的礼遇。比如他们进店，客服职员必须走出办公室，与他们见面，若有需要，还应当全程参与接待，给予对方专属服务的感受。

❸ 体现在送货中的细节。工作人员是否在工作区域铺设红地毯，并配有白手套、白毛巾来提供服务。这种仪式感的细节，除了能让工作人员充满自信，还会增加其工作的谨慎度，减少错误。与此同时，客户能从中感受到工作人员的专业力和职业性，即使在后期有不满意的地方，他们也会对品牌有尊重感。如果客户还购买了其他品牌，两个品牌在送货时，服务的细节存在着差别，客户心中自然有比较，因此会更加坚定地认可你。

服务老客户的细节还体现在更多的环节中，也发生在各种各样的场景里，只要保持着对服务细节的专注度，就会在老客户内心产生潜移默化的影响。客户服务就是做细节，在服务竞争激烈的时代里，精耕细作是走向成功的法宝，看似无用的细节往往最能打动客户。

五、收集、整理客户好评

销售顾问应有意识地收集老客户的好评，毕竟老客户的好评，能为销售起到背书的作用。

在线上购物平台，客户好评对商家的作用更大，大家在网购时，必然会查看客户评价。这些客户评价的内容通常都是分门别类的，其一，能体现出有多位见证客户，意味着产品的热卖；其二，不同的评价，能满足客户多方比较的心理。

基于这一点，也提醒了大家，在实战中要不断收集客户好评。店面或许已经有了一些零散的客户好评，然而并没有分门别类，更没有系统整合，大家使用起来有些困难。为此，店面应建立一个共享文件夹，存放所有类型的客户好评。

定期将客户好评发布在公众号的"客户见证"栏目内，逐渐培养老客户阅读该类文章的习惯，经过时间的锤炼，老客户对品牌就会产生更大的信任感，从而为店面带来持久的口碑效应。

站在全局的高度，宣传和利用客户的好评，势必需要一个部门能够承担这份职责，毫无疑问，就应该是客服部门。他们应该利用有限的工作时间去充分深挖客户的价值，因为好的客服就应当是一个销售。

然而，这项工作的难度在于：第一，店面是否有能力引导客户给出好评；第二，店面能否坚持着去做。

如何引导呢？以下这两个大众化的营销案例，笔者觉得具有借鉴意义。第一个案例是快递小哥在送完货后，顺便帮收件人将垃圾带下楼，以换回对方的五星好评。另一个案例是滴滴司机提前200米关闭行程表，换回乘客的五星好评，如果没有这200米的时间，乘客在下车后只会观察道路安全，根本就不会操作手机给好评。

所以客服在引导老客户给予好评时，要做到3点。

① 换位思考。

② 给出超出客户预期的服务。

③ 善于抓住关键时机,为获得好评扫清局部障碍。

实战中,员工是否具备主动获取客户好评的意识?在日常经营中是否能创新工具,或是在关键时刻营造出易于获得客户好评的氛围呢?

笔者在前文介绍了多种互动方法,在使用这些方法时,精心设计好其中的环节,就能收获到意想不到的客户好评。所有收集到的好评,客服部门都应当及时归类,设置标签,并编辑针对性的文字进行描绘。

六、收集典型故事和案例

店面在经营过程中,自然会发生许多有趣的故事,以及一些典型的客户案例,不管是正面的,还是负面的,它们都值得被收集,更值得被加工和使用。

1. 值得宣传的故事

围绕着产品本身就能产生许多有趣的话题,它们的发明、生产过程,以及它们能给客户带来的好处,等等。客服可以挑选出生动有趣的部分,把它们串联成一个个令人喝彩的动人故事。

一些管理者并没有意识到好的故事是财富,不善于利用,只能造成无形资源的浪费。在信息爆炸的今天,老客户与媒体都容易遗忘品牌,因此,品牌和店面都有责任收集那些能为销售带来帮助的故事,并不断反复地去讲。

美克美家的每位销售顾问都熟知一个故事,并会在接待时有意识地跟客户讲述。这个故事讲的是美克美家的名称来源于冯东明董事长的一支马克笔。谁会经常使用马克笔呢?肯定是从事艺术工作的人,如设计师。这个故事就是从侧面告诉客户,美克美家的创始人有着深厚的美学功底,懂得艺术,这里所销售的每一件家具都极具艺术气质。

无论是在工厂还是在店面,每天都发生着形形色色的事情,虽然并不会都有特别的情节，但是即便是一件看似很平常普通的故事，只要能打动客户的内心，又何尝没有价值呢！

2. 引以为戒的负面案例

前文讲述的餐桌事件就是一起典型的负面案例，实际上，店面还会有更多不同类型的负面案例发生，原因也是各种各样的。客服部门应当认真收集和分析每月的负面案例，总结出共性的教训，避免再次发生。

店面发现负面案例后，改善考核方案不是唯一的办法，它也并不能完全解决掉这个问题，还是要客观判断现状后来设计解决方案。

店面应整理月度案例，组成案例库。针对售后问题点和客户异议原因，做出饼状分析图，用于全员分享和学习，这样能够杜绝后期再次发生类似事件，从而减轻客服的工作压力，让所有员工将精力用到更有价值的事情上。

负面案例也不仅限取自于自己的店面，还可以扩大到行业，行业内的共性负面案例，将会成为开展痛点营销时的有力武器。客服可以将收集到的这些负面案例，以图片和故事情节相结合的方式，在店面内部进行分享和学习。

3. 提炼和讲述的技巧

❶ 案例故事应带有情节。要知道，店面面对的是各式各样的客户，客服需要促使对方能全面了解产品和服务，尤其是要能通过细节，加强客户对店面的良好印象。带有情节的故事和案例，能为客户创造出画面感，增强客户的代入感，从而把客户引入到客服所要讲述的话题中来。

❷ 要能浓缩案例故事。案例故事不同于在生活中与朋友聊天时所讲的故事，因为客户不会给出太多的时间来听故事。作为客服部门，要有提炼案例故事核心要点的能力。

销售大师保罗·梅耶曾说过："用讲故事的方法，就能迎合客户，吸引对方的注意，使客户产生信心和兴趣，进而毫无困难地达到销售的目的。"客服部门应敏感地抓住有利于提升品牌、店面和员工形象，最终有利于销售成交和形成转介绍的案例故事。

七、提出改善建议

客服不是问题的回答者,而是建议的贡献者。客服职员每天都会不断重复着一些具体的工作,有些工作内容看起来并不重要,因此容易被忽视,但往往正是这样不经意的疏忽,却有可能造成损失。这些损失会与显性成本直接挂钩,也损失隐形的客户信任度,或是损失客户潜在的转介绍机会。

作为客服,即使是基层岗位,也不要认为个人的力量微不足道,不要轻视自己的工作价值。在具体的工作中善于挖掘和分析,保持刨根问底的态度,站在自身的角度上给予店面一些合理的建议。长此以往,个人的经验会有所积累,直至能拥有高水平的工作能力。

1. 基层的建议更有效

本书采用的案例大部分都是家具行业的,这样能让大家产生共鸣,但在这里还是想提一提被神话的海底捞。

海底捞的竞争力来自差异化的客户服务,因为基层员工是服务的提供者,所以海底捞在内部针对基层员工建立了服务创新机制,鼓励他们随时向公司提出改善服务的建议。只要有员工能围绕着客户的痛点提出问题,就给予一定的激励,如果能提供具体的解决方案,更会加大激励的力度。海底捞明白基层员工是能与客户近距离接触的人,对于服务细节,基层员工的体会更深,他们针对客户痛点提出的建议,将有助于店面的经营。

2. 善于提出全面的建议

实战中,送货时间不准确,对大家来说都是痛点,自然就必须找到解决的方法,防微杜渐。基层员工掌握着延误送货的具体原因,也能从源头采取有效、务实的管控。下面的内容就以此痛点为例,来看一看客服从分析具体原因,再到根据不同原因提出改善建议的全部思维。

❶ 涉及销售顾问的原因,就是跟踪客户的频率出现了问题,没有及时与客户进一步确认后续的送货信息。一旦客户突发异常状况,店面却不能对客户做出

过多的硬性要求，客服只能提出改善销售顾问工作习惯的建议。

客服部应督促销售顾问认真填写已成交客户的跟踪内容，每月逐一与销售顾问确认次月待送货订单详情，并在次月末，统计实际的送货准确率，分析所有不准确订单，并在全员会议时进行分享。

❷ 涉及客户的原因，可能是客户原定的送货时间就存在较大误差。客服对客户原因的改善建议是客服部门增加对成交客户的回访，在回访过程中与客户核实送货时间，并在话术里告知大致的生产和交货时间，避免客户的担忧。

❸ 涉及工厂的原因，通常是因为工厂对于产品发货时间预估的不准确，从而临时更改了发货时间，导致为客户送货的时间突发推迟。

面对这种原因的改善建议是工厂和店面建立责任人制度，彼此之间建立起通畅的沟通渠道，能及时追查具体的原因。只有严谨对待，才有可能让双方提高重视程度，若是任何一方无动于衷，失去的就是客户的信任。

送货不准确性的负面案例，能刺激客服部门在工作中勤于思考，考虑周全后提出全面的改善建议。不少店面都在内部贯彻全员营销的理念，客服部门也与客户走得较近，所以更应该用实际行动来践行这一理念。

八、制定实效的客服制度

有了具体的建议，应将其运用到日常工作中，但仍需要为此制定出实效的制度，只有这样才能让好的工作习惯得以长期固化。

下面内容主要从老客户转介绍的方面来具体讲述实效制度的重要性，对于老客户资源，店面通常会遇到两种状况：

一是由于维护老客户需要成本，而且见效需要一定的时间，因此销售顾问往往没有耐心等待，缺乏持之以恒的态度就容易产生懈怠，从而浪费了老客户资源；二是店面的老客户资源被零散地掌握在销售顾问手中，店面并没有规划使用，导致维护老客户的信息反馈不及时、不对称。

由此可见，想要从老客户身上挖掘出更高的价值，需要老客户资源的拥有者和店面管理者对他们高度重视。既然想肯定和激励销售顾问积极维护老客户，店面必须确保他们通过维护老客户获得相应的收益，老客户转介绍订单的分配制度，就能起到这样的作用。为确保实效性，制度的具体内容要充分考虑到实战情形，要能充分体现出多劳多得的精神，这样才可以避免大家对老客户价值的理解出现偏差。

以上是从客服众多职能中细分出来的8项关键职能，它们没有主次之分，具体内容也会根据实际的经营状况而有所变化。管理者只要运用好客服营销的思维，就能确保这些职能在力所能及的情况下发挥出最大的价值。

客服营销思路五
完善的客服管理组织

精细化零售中的客户服务并不是单独的，而是成体系存在的。作为店面客服，在工作中应当与工厂客服有充分的合作和衔接，因此，店面客服必然要受到工厂服务标准的约束，使用统一且规范化的作业工具。故而，店面客服就存在于这种多维度的关系之中。

一、构建店面客服与工厂客服之间的合作关系

有些品牌在一个城市里只有一家店面，自然不足以设立一个独立的客服部门，为缩减费用，可以让其他员工承担客服的工作。然而即使是兼任，对具体的工作也应当有标准化要求。如果有着多家店面，就有必要组建独立的客服部门，将客户关系维护作为一个重点去对待，这是店面保持竞争力的基础。

对于工厂而言，一般都会有完善的客服组织，以确保品牌在各个城市能稳健发展。有服务意识的工厂客服，还会协助各个店面组建相应的客服组织，并培养专业的客服人才。出于这样的考虑，对工厂的客服组织就提出了新的要求，它不

能游离于店面的客服组织之外,而应与对方紧密地捆绑在一起。

按照这种设想,工厂和店面客服之间最好采取矩阵式的管理方式,工厂客服管理店面客服的业务工作,每月收集店面客服的工作汇报,组织召开客服会议、对接和跟踪店面疑难问题的处理,监督各种客户回访。最重要的是工厂客服定期分析店面客服反馈出来的点状问题,从中归纳出共性特征,再将工厂的建议及时反馈给各地店面,双方就客服能力的提升建立起一个闭环的合作流程。

事实上,工厂客服与店面客服之间在具体的合作内容上肯定可以不断优化,因此不管是工厂客服还是店面客服,都应当在思维模式上保持同频。

二、搭建内部高效沟通的组织

店面内部产生问题,沟通不畅是其中一个主要原因,彼此信息不对称,大家产生了本位主义,因此良好的内部沟通机制是客服组织运转的关键。实战中,会议也是一种沟通方式,所以可以定期组织客服会议,或是客服与其他部门之间的双向沟通会,以此来解决经营中那些细枝末节的事情。

			内部高效的沟通	
序号	会议类型	参加部门/人员	会议要点	会议内容和流程的主要侧重点
1	客服管理例会	工厂客服、店面客服	固定好每次会议的时间和主题,提前收集好会议的汇报内容	店面客服围绕着"投诉率、客户满意度、送货准确率"这3个指标,结合当月的实际完成情况,进行分析,同时制订下个月的重点工作计划
				店面客服分享正面与负面的案例
				工厂客服分享有借鉴意义的内部服务案例、当月最新政策以及客服管理措施的讲解答疑
				参会代表分享行业外的故事,比如自己购物时留有深刻感悟的服务故事、自己学到的或听说的具有推广意义的服务故事
				集体讨论议题或建议

（续表）

序号	会议类型	参加部门/人员	会议要点	会议内容和流程的主要侧重点
2	客服部门会议	部门内部员工	紧紧聚焦于客服部门的绩效指标，注重沟通工作的细节和方法	分析各种回访的数据，以及客户反馈的信息
				分析质量月报数据结构、送货服务过程、产品售后原因和改善措施、售后维修的问题点及完成情况
				总结客户投诉的原因以及带来的反思和建议
				老客户的维护信息，比如新增客户和累计客户数据，老客户的关怀措施、满意度数据及改善措施
				分析订单内的客户信息、送货时间等详情。关注产品库存的变化，重点分析延期送货的数据，并总结改善措施
3	双向沟通会议	客服部、其他部门	客服作为一个窗口部门，在完成本职工作外，也要具备营销意识，将部门获取到的信息及时分享给其他部门，再一起探讨出行动措施	固定双方沟通的频率和内容，根据双方的沟通结果，制订具体的执行方案
				赋予员工使命感和责任感，鼓励每一位与客户接触的员工都能通过沟通说出自己的想法，提出自己的建议
				客服部门与销售部门的双向沟通会需要产生决策，因此双方员工会直面市场变化，真正参与到经营决策的过程
				为形成良好的沟通习惯，每次沟通要以完整的客服周报表作为依据，记录和留存会议纪要，用于检查和反思

三、规范客服组织的《操作手册》

《操作手册》是一种标准化的工具，用来统一思想和行动。手册内的任何标准都应当服从品牌的服务理念，所有的客服操作流程均应以此为原则，这是品牌文化的充分体现。《操作手册》要清晰罗列出客服部门的岗位组成和具体职责，因为各地店面的规模不一，必要时，手册要对某些客服岗位给予合并部分职责的建议。

具体职责的设置一定要迎合工厂对客服岗位的期望，以及行业的发展趋势。本章前半段，介绍了老客户的重要性，对于所有客服岗位的人员而言，大家都有一个共同的核心职责，那就是参与营销，不断增加老客户与店面的互动，提升满意度和转介绍率。

客服营销思路六
客服CRM系统

本章先前提到店面应当具备数据化管理意识,并为此推荐了许多的表格,这些表格都适用于店面的日常经营,如果表格能实现线上操作,就会更便捷。因此如有条件,店面应当建立客服CRM系统。

CRM系统究竟是如何管理客户信息的?客户跟踪信息表是销售顾问跟踪和维护客户的工具,销售顾问自己填写更新信息,管理者则对其进行不定期的检查和监督。如果借用CRM系统来管理,销售顾问每次接待完新客户后,就应当及时在系统内创建客户信息,在此以后,系统会根据一定的时间间隔,自动提醒销售顾问去跟踪客户,管理者也可以在系统内查询到他们接待客户的信息,以及跟踪客户的进展。

❶ 店面建立客服CRM系统,首要目的是尽可能整合好销售和客服两个部门之间的业务联系。通常,零售店面的信息化系统关注最多的也就是这两个模块。

销售管理,顾名思义是管理好所有的销售活动,在系统中实现查看和创建销售活动、跟踪销售业绩的功能。

客服管理包括管理客户信息和客户维护,系统应当及时帮助店面查看和创建客户信息详情,在促进客户成交方面,更要帮助店面按层级去管理和监督好维护客户的全过程,也包括售后服务的全过程,如报修、保养等。

在应用系统之前,销售和客服也许还有分离的特征,而在应用系统之后,他们之间就会变得更为紧密相连。

❷ 第二个目的是店面通过CRM系统中的报表功能,便捷地收集客户的数据信息,让店面的经营更为理性和科学。

报表的内容根据店面实际所需,围绕着客流、客户、订单、营销活动等环节展开，这样确保系统呈现出来的信息能更为聚焦。建立系统后，就能摆脱人工操作的麻烦。CRM系统里的所有操作都应当是为报表服务的，这是它的本质。

❸ 第三个目的是通过系统管理好客户信息。对于客户留存下来的信息，店面无论如何都要以电子形式来保存和更新。客户信息的管理业务，也是客服工作的重点之一，因为完善的客户信息能在后期为店面带来更长远的收益。

客服营销思路七
搭建线上客服平台

当店面面对庞大的客户流量池时，自身必须要借助更多的方法与客户保持互动。本章中提到的20种互动方法，只是出于营销角度的加法，更为关键的还是要给予客户最基础的服务，否则，一切都是徒劳。

要做好这一点，仅仅通过简单的人工操作是无法满足要求的，面对迅猛发展的互联网技术，更应当为客服建立起单独的线上平台，比如客服APP或客服微信公众号。

一、美克美家会员微信公众号案例

美克美家会员公众号的主页面有3个模块，分别是会员中心、美刻礼遇和服务商品，并且可以直接链接互动小程序。

最为核心的栏目是会员中心，会员中心也是整个会员公众号的核心，因此有必要针对此栏目内的几部分特色内容进行详细阐述。

❶ 会员权益。这里主要介绍的是美克美家会员尊享的专属服务内容，也算是与老客户互动的一种方法。用文字和图片的形式对会员专属服务进行了简单介

绍，看起来似乎一目了然，但是想要深入了解却很困难，因为并没有细化具体的内容。

❷ 共享空间。美克美家能够为会员提供免费的店面活动空间，客户可以在这里举办个人的分享会或沙龙活动，也可以通过共享空间预约店面的临时办公场所，这更多是出于服务于外部设计师的想法。这个共享空间的设想，其实就是一种客户圈层营销。

❸ 人荐人爱。此部分作为重点单独列出来，其内容主要阐述老客户转介绍的活动，以及指导会员在公众号里的具体操作。"人荐人爱"这种营销老客户的想法，能设计在会员中心小程序里，已然算是成功了。

美克美家会员公众号的主页面

美克美家会员中心栏目页面

美克美家会员权益页面

❹ 美家故事。这是美克美家重点设计的一块内容，主要在线上组织美家分享活动，出于营销的考虑，为它单独开发了微信小程序。

小程序里最有用的功能是"为你推荐"，它的设计思路类似于今日头条，其中细分了美家的各个话题，以此来吸引游客的阅读。游客如果想参加美家故事的活动，必须先注册成为会员，一旦注册成功，就留下了个人信息，因此会变成美克美家的流量客户。

美克美家微信公众号的内容设计带有明显的营销倾向，缺乏了一些实际的客服功能，整个公众号内也没有一个栏目能让会员快速反映需求。

美克美家的美家故事小程序界面

二、亚振客服微信公众号案例

亚振客服微信公众号虽然没有明显的营销色彩,但也有其独特之处,它共设有3个栏目,分别是会员活动、服务中心、我的亚振。

整个栏目的构建,内容比较清晰且具有人性化,与美克美家相比,更为注重为客户提供便利性的服务,比如线上的服务预约和产品报修。

❶ 服务预约列举了3种服务类型:量房设计、家具拆装、家具保养。游客只要填写具体的服务需求,个人信息自然就会被留存。

❷ 产品报修栏目实现了无声客服功能,客户选择产品的待维修部位,并且能够添加细节照片,这样的报修需求就更为直观,既方便了客户,又节约了人工沟通的成本。

❸ 服务指南是售后服务政策、服务费用标准、常见问题、家具保养手册这4部分内容的详细表述,它是一本电子版的产品使用说明书,能够帮助客户了解家具的使用常识。

❹ 在线客服作为一块细分内容被单列,可见亚振快速响应客户需求的意识

是比较强的，这也验证了亚振客服公众号其实就是一个实实在在的线上客服中心。

❺ 我的亚振记录的是会员与亚振之间联系的内容，包括会员卡、我的资料、我的卡券、订单详情、服务记录等等，所以亚振公众号也是一套客户管理系统。

❻ 最后两块内容则是企业宣传和家具博物馆的3D实景链接，作为客服公众号，在不过多植入营销内容的前提下，通过实景链接展现出自身的实力，并且还能让会员在线上轻松浏览各个展示空间和具体的产品，可谓是一举两得。

亚振客服微信公众号的主页面

作为品牌联系客户的一个平台，亚振的微信公众号功能也较为齐全。公众号的文章，以会员生日活动和传递正能量的信息为主。由于在构建框架时，并没有重视营销，因此导致了会员群体的单一性，暂时还没有开发出一些实用小程序来提高普通会员的参与度，引流能力尚待提高。

三、完善线上客服平台的建议

美克美家与亚振的客服公众号，双方侧重点不一，各有千秋，然而任意一个都不能完全承担起线上客服平台的角色。为了达到构建客服平台的目的，仍需要整合社会资源，全方位地服务好会员，让他们能够对平台有所依赖。

虽然营销是最终的目的，但是潜移默化的方式对会员更有效。对于构建线上客服平台以及其中的内容，笔者分享以下两点建议。

❶ 线上客服平台推出产品中心，根据平台能量的大小整合异业产品，在产品中心内补充特价的异业产品，吸引会员进行线上浏览，实现线上购买，增强会员的活跃度。

销售前后两端的异业产品不仅能增加非主营产品的销售收入，还能改善与异业的关系，双方的合作会因此变得更为紧密，甚至是互推粉丝会员，彼此引流新客户。

❷ 设置活动再现栏目，客服平台收集所有形式、不同内容的会员活动信息，以集锦的方式呈现出来。会员浏览遇有感兴趣的活动，就可以直接通过对话框留言和报名。这样做，有助于店面组织更有针对性的活动。

一味的营销，目的表现得太直白，也会给客户带去负面的感受，所以不如就增加一些实用性的内容，或多或少地帮助到会员，逐渐提升会员与平台的互动频率。

总之，搭建客服线上平台的思路，不能偏离重心，犹如《华严经》内所讲："不忘初心，方得始终，初心易得，始终难得"。如初心般地珍惜客户，就知道该如何去做。

结　语

　　这个时代进步得太快了，若我们自满自足，只要停留，便是后退。关于这一点，笔者在多年的跑步经历中也深有感触，一旦停跑一个星期，重新再开始时，速度就会掉下来很多，人也会很累；如果停跑期达一个月之久，那么就很难恢复到以前的速度，而且一切还得从头开始。同样的道理，面对日益更新的零售行业，我们首先要能跟得上大家前进的步伐，每个人都在不断接受和更新着经营管理的思想和方法，为了不让自己停止前行，就不能疏忽学习，并且还要能学以致用；其次则是长期坚持自我批判，不断总结和反思自己正在使用的方法。

　　在工作中，对细节追求极致，才能不断地强大自己，取得进步。这两本书的内容，均来自实战，一本着眼于零售店面在内务管理中的细节，另一本则围绕着零售店面的营销业绩细节而展开。两本书加起来区区几十万字，并不能将笔者内心所要讲述的内容完全呈现出来，为了方便读者复制使用，其中的几十张表格管理工具和几十个不同类型的销售案例等，都带有抛砖引玉的作用，希望能与各位读者产生共鸣。如果各位读者在阅读后有所感悟，乃至于存有不同的观点，我也会感到欣慰，因为知识就应当被用来分享和讨论。我也更愿意看到在家居或是其他品类的零售行业里，能有更多的职业人愿意主动分享自身的零售经验，在市场上，能出现更多关于零售店面的文章和书籍。只有大家一起努力，才能共同促进零售行业的发展。

　　这两本书里的内容，绝大部分是容易被复制的经验、接地气的干货，如果读后不在工作中进行检验和使用，那么它的价值就不大。

　　在本书结语的最后，笔者的建议是，为此自己制订一个学习后的行动计划。

根据自身的状况，循序渐进地深入，不要贪多，每月围绕着几个点，精细化地执行使用就好了。

感恩宏图三胞、美克美家、亚振这三家知名零售企业先后给了我积累工作经验的宝贵平台！感恩在写作期间不断鼓励和支持过我的好友们！感恩杜娟老师、樊菲老师辛勤的编辑和审校！

最后，感恩雨后花露上映射的彩虹，那亮丽的色彩给了我无穷的力量！

2021年4月于南京